Capitalismo digital

Capitalismo digital

Cómo hacer dinero en una economía cambiante

CHRIS GUILLEBEAU

Traducción de Estela Peña

CONECTA

Papel certificado por el Forest Stewardship Council®

MIXTO
Papel | Apoyando la silvicultura responsable
FSC® C117695

Penguin Random House Grupo Editorial

Título original: *Gonzo Capitalism*

Primera edición: enero de 2025

Printed in Spain – Impreso en España

ISBN: 978-84-18053-49-8
Depósito legal: B-19.318-2024

Impreso en Black Print CPI Ibérica, S. L.
Sant Andreu de la Barca (Barcelona)

CN 5 3 4 9 8

El deseo humano no es un proceso autónomo, sino colectivo. Deseamos cosas porque otras personas las desean.

René Girard

Si soy falsa no me doy cuenta porque mi dinero no lo es.

Nicki Minaj

Índice

1. La revolución del dinero 11
2. Bienvenido al mercado máximo 23
3. Apuesta por Britney 41
4. Duplica tu sueldo 59
5. Jugar a los videojuegos por 800 dólares al día 69
6. La revolución se retransmitirá en directo 89
7. Haz clic aquí para pintar una obra maestra 103
8. La OPI humana 121
9. Estafar a los estafadores 137
10. No informes, transforma 151
11. Para acabar con el capitalismo, compra este libro 169
12. Las nuevas reglas del dinero 185
Posdata 209

1

La revolución del dinero

Concepto: El dinero siempre ha tenido más que ver con la percepción que se tiene de él que con la realidad. Si suficientes personas deciden que el dinero vale algo, ¡de repente lo vale! Sin embargo, la manera de entender el dinero en la actualidad se ha distorsionado y es más interesante que nunca.

En algún momento de la historia reciente la economía mundial dejó de tener sentido.

En todas partes la gente empezó a pensar en el dinero de forma muy diferente a como lo hacía antes. Averiguar qué significaba todo aquello llevaría algún tiempo, pero era imposible pasar por alto las primeras señales.

Para empezar, cientos de miles de personas sin formación en finanzas de repente comenzaron a negociar opciones con acciones de empresas en quiebra. Y lo hicieron con toda la intención. Esa última parte era clave: sabían que no había ninguna buena razón para que subieran los precios de las acciones de las empresas con las que negociaban. Pero subieron, y siguieron subiendo, lo que perjudicó a los inversionistas profesionales que habían tomado posiciones apostando a que las empresas en quiebra, ya sabes, quebrarían.

Los inversionistas aficionados que ganaban grandes cantidades de dinero apostando por empresas en quiebra eran solo un símbolo de cómo estaba cambiando la economía. OnlyFans, una red social formada principalmente por artistas adultos que vendían acceso a vídeos íntimos, despegó, y profesionales de la salud agotados y maestras extenuadas por enseñar en jardines de niños virtuales descubrieron de repente una forma mucho más rentable de ganarse la vida.

A medida que la plataforma crecía y crecía, también lo hacía el pánico moral. En respuesta a las críticas, el director general anunció que pronto se prohibiría el trabajo sexual en la plataforma, pero esto era un problema, porque todo el negocio se basaba en el trabajo sexual. Finalmente se retractó tras recibir aún más críticas de muchos de los artistas, algunos de los cuales ganaban mucho más de lo que ganarían en un trabajo más convencional. Como dijo un creador adulto: «Hago vídeos con los que te masturbas. ¿Por qué no deberían pagarme?».

Y luego, por supuesto, estaba el cripto. La criptodivisa cambiaría el mundo, amigo, y en el ínter nos haría ricos a todos. Durante muchos meses, cuando los precios de los tokens alcanzaban su punto más alto de la historia, los NFT o tokens «no fungibles» (únicos, irrepetibles, pero en forma digital) más vendidos en la mayor red de blockchain eran dibujos de monos. Algunas de estas imágenes se vendieron por un millón de dólares o más, y todo por un solo JPEG.

Nada de ello tenía sentido, al menos de acuerdo con las viejas formas de pensar. Mucha gente se subió al tren, y muchos otros lo descartaron por completo. Fuera cual fuera tu bando, una cosa estaba clara: era hora de empezar a pensar de forma diferente sobre cómo funciona el dinero.

Este libro trata de pensar de forma diferente.

* * *

Ya sabes lo que ocurrió a partir de la primavera de 2020. Hubo una pandemia, fue mala, lo cambió todo.

Lo que importa para nuestra historia es lo que ocurrió después.

Los restaurantes, bares y tiendas se vaciaron. Los viajes se paralizaron. Se cerraron escuelas y oficinas, y muchas empresas anunciaron despidos, reducciones de personal y permisos de incapacidad. El gobierno federal de Estados Unidos intervino para detener la hemorragia, y miles de millones de dólares de estímulos inundaron el país.

Al contrario a lo esperado, la economía no se contrajo, sino que creció. Los precios de la vivienda se dispararon. De repente los economistas empezaron a preocuparse por el exceso de ahorro; en otras palabras, les preocupaba que la gente no gastara lo suficiente de su ingreso disponible.

Es más, no paraban de inventarse nuevas formas de dinero. El porcentaje de estadounidenses que invertían en criptomonedas se duplicó en un año. Los conductores de Uber hablaban de algo llamado «altcoins». Los presos, que recibieron pagos de estímulo como cualquier persona, empezaron a apostar en bolsa utilizando su nueva riqueza.

Durante más de un año, el bitcoin subió más y más a medida que los inversionistas se sumaban a raudales. Lo mismo ocurrió con las acciones de Tesla y de casi todo lo demás. Aunque ambos activos acabaron volviendo al planeta Tierra, se había producido un cambio radical de percepción. Como dijeron algunos de los inversionistas de empresas en quiebra: «las acciones solo suben».

Durante este tiempo, un número sorprendentemente pequeño de personas clamó: «¡No podemos seguir imprimiendo dinero!». Pero lo hicimos. Había más empresas en quiebra con cotizaciones bursátiles al alza, más criptomonedas subiendo de valor y más gente rebosante de efectivo.

Un nuevo meme lo explicaba todo en términos aún más sencillos: la impresora del dinero enloqueció.

Era como si todas las viejas reglas se hubieran ido por el desagüe, y el dinero cayera del cielo. Y nada de lo que ocurrió después —ni la inflación récord, ni los elevados precios de la gasolina, ni los informes de los medios de comunicación sobre el colapso de las criptobolsas— pareció revertir por completo el cambio que se había producido.

El dinero: es lo que tú quieras que sea

Retrocedamos un poco. ¿De dónde viene el dinero? Del hada del dinero, por supuesto. O, técnicamente, viene del gobierno, que decide qué tipos de dinero debe emitir y cuánto debe imprimir.

¿Pero es así de sencillo? Por supuesto que no… o, espera. En realidad, sí lo es.

Así es exactamente como funciona: el gobierno imprime dinero cuando quiere y, la mayoría de las veces, la gente acepta que valga lo que le digan.

Allá por 2009, Ben Bernanke, entonces presidente de la Reserva Federal, recibió el encargo de restablecer el orden en la economía mundial tras la crisis hipotecaria. Jaló la consabida palanca: dar más dinero a los grandes bancos.

Cuando le preguntaron en una entrevista de dónde procedía ese dinero, porque por supuesto que no aparece de la nada, dio una respuesta extraordinariamente ingenua.

«Para otorgar un préstamo a un banco —explicó— nos limitamos a utilizar el ordenador para revisar el tamaño de la cuenta que tienen con la Reserva Federal».

Fue como si se hubiera despistado por un momento para decir la verdad. «El dinero no es real. Es solo un número que podemos cambiar en un ordenador».

Por un momento, el entrevistador se mostró confuso por ese raro destello de franqueza e hizo una pregunta para aclararlo: «¿Han estado imprimiendo dinero?», preguntó.

«Pues sí, en efecto», respondió Bernanke.

Unos años más tarde una bloguera llamada Gabrielle Blair (popularmente conocida como @designmom) publicó el siguiente mensaje en Twitter:

> Un empleado de Venmo podría escribir una línea de código que añadiera 10.000 dólares a cada cuenta de Venmo, y entonces por arte de magia existiría más dinero.

El comentario formaba parte de un argumento más amplio, pero de los cientos de personas que respondieron, nadie pudo decir por qué esta propuesta no funcionaría. ¿Por qué no puede un servicio de pago, o un banco, para el caso, decidir que sus usuarios tienen hoy 10.000 dólares más que ayer?

* * *

El dinero siempre ha sido un producto de la imaginación colectiva. A lo largo de la historia el bombo y la especulación han producido «burbujas» en torno a mercados cuestionables de todo tipo, desde los tulipanes holandeses hasta los bonos de guerra y los cupones postales de Charles Ponzi. En retrospectiva, estos ejemplos parecen excepcionales en todos los sentidos: meros parpadeos en una historia de estabilidad a largo plazo.

Pero ahora no dejan de aparecer ejemplos que antes eran atípicos. GameStop, un minorista de videojuegos en apuros, hizo millonarios a cientos de autodenominados «inversionistas imbéciles» que cobraron sus fondos de jubilación para invertir en acciones. Los coleccionistas de arte digital se enzarzaron en frenéticas guerras de pujas por raros NFT, haciendo subir los precios a decenas de millones de dólares.

Cientos de personas se hicieron «millonarias de Tesla» cuando las acciones de la empresa subieron un 700 %, desafiando las predicciones de casi todos los analistas profesionales. Zoom, que antes era una empresa diminuta con un único producto de videoconferencia que no funcionaba muy bien, de repente pasó a valer más que todas las aerolíneas estadounidenses juntas.

Mientras tanto, AMC Entertainment Holdings, otra marca desprestigiada cuyo negocio principal eran las salas de cine, creció durante un año en el que nadie podía ir al cine. Más tarde, el director general descubriría que, si no llevaba pantalones durante una llamada a los inversionistas, el precio de las acciones subiría más, creando así una interesante cuestión de responsabilidad de los accionistas. Dado que los ejecutivos tienen la obligación de servir a los accionistas lo mejor que puedan, ¿se convertirían las llamadas de Zoom sin pantalones en la nueva norma para las llamadas de información sobre resultados en todo el mundo?

Mientras tanto, marcas antiguas como RadioShack, de la que en su día se burló *The Onion* con una historia sobre el director general que se preguntaba cómo era posible que su propia empresa siguiera en activo, experimentaron extrañas resurrecciones corporativas. En el punto álgido de la pandemia, la empresa, dos veces en quiebra, fue adquirida por una suma no revelada por un par de cripto hermanos, entre ellos un influencer llamado Tai López.*

En pocas palabras, si suficientes personas deciden que algo «vale» mucho más que su valor actual, de repente lo vale.

Podría haber escrito un libro entero sobre los muchos momentos de la historia en los que se han creado enormes sumas de dinero de la nada, o se han destruido de forma instantánea al cambiar de rumbo los vientos de la opinión pública.

Pero el hecho de que el dinero se base más en la percepción que en la realidad objetiva es solo nuestro punto de partida. Este libro trata de cómo se están trastocando las reglas para ganar dinero, de un modo revolucionario y sin precedentes. Y una vez que comprendas que las reglas de este juego cambian de manera constante, nuestro objetivo final es responder a la pregunta: ¿cómo puedes ganar?

---

* Una vez visité la mansión de Tai en Beverly Hills para grabar una entrevista. Había un estanque *koi* que atravesaba toda la sala. Una cancha de baloncesto ocupaba parte del patio trasero. A mitad de la entrevista, una mujer se paseó por el lugar con un biquini brasileño sin motivo aparente.

La revolución del dinero. O sea: los tiempos cambian, la gente inteligente se adapta

A lo largo de la historia, una serie de vastos e importantes cambios han transformado de manera irreversible las sociedades y las economías. Probablemente aprendiste sobre ellos en algún momento en la escuela: la revolución agraria, la Revolución industrial, etcétera.

Antes de que llegara la Revolución industrial, la gente trabajaba en sus granjas y fabricaba a mano todo lo que necesitaba. Era todo bastante ineficiente, pero era mejor que cazar y recolectar.

¡Pero entonces...! La maquinaria entró en el mundo, el camino hacia la prosperidad cambió y grandes segmentos de la humanidad empezaron a vivir de forma muy distinta de como lo habían hecho sus antepasados. Lo que hacían los padres y abuelos para mantenerse a sí mismos y a sus familias ya no era el mejor camino para la nueva generación. Para triunfar en la Era Industrial, un campesino emprendedor tenía que aprender nuevas habilidades. Claro que algunos siguieron haciendo las cosas a la antigua, pero no fueron los que prosperaron.

Y así a lo largo de los siglos. Los imperios surgen y desaparecen. El cambio es constante, y los que se adaptan sobreviven y prosperan.

Hoy nos encontramos en medio de otra transformación: la Revolución del Dinero. En pocas palabras, el dinero ya no es lo que era. Esto se debe en parte al auge de los activos digitales, pero eso es solo una parte de la historia. De hecho, las partes más interesantes son los cambios sociales y tecnológicos que crean nuevos caminos hacia la prosperidad que sencillamente no eran posibles —o ni siquiera imaginables— hace tan solo unos años.

Detrás de este cambio sísmico hay dos tendencias paralelas. La primera es una creciente desconfianza en las instituciones tradicionales, especialmente entre la Generación Z y la Generación del Milenio. Incluso ajustándose a la inflación, los *millennials* han pagado mucho más por una educación universitaria que cualquier otra generación, mientras que el valor de mercado de tener un título de licenciatura o de posgrado en la mayoría de los campos ha disminuido.

Mientras tanto, la seguridad profesional de la que disfrutaron sus padres y abuelos es cosa del pasado. Los antiguos adagios sobre finanzas personales, ahorro e inversión transmitidos por las generaciones mayores están cada vez más desconectados de su vida.

Ante estos hechos, muchos jóvenes sienten escepticismo y resentimiento respecto a los sistemas que han heredado. ¿Por qué no habría de ser así? Es una reacción lógica. Además, toda buena revolución tiene la costumbre de aparecer cuando un número suficiente de personas se enfada. Y esta vez la revolución está armada con herramientas y métodos modernos que amplifican enormemente sus efectos.

Por eso la segunda tendencia se refiere a un número creciente de personas que buscan formas creativas de vencer al sistema y obtener una ventaja para sí mismas. Los ganadores de hoy no están invirtiendo sus ahorros en un cómodo plan de jubilación y esperando a que su capital crezca, sino que están poniendo su dinero en inversiones alternativas. No están presionando para que se tomen medidas legislativas que controlen Wall Street, sino que se están enfrentando a los fondos especulativos sacándolos de sus posiciones. No intentan «ganarle a la casa» en el casino, van a Reddit para aprender sobre los mercados de predicción.

En el pasado, los licenciados universitarios buscaban la validación en los «proveedores de empleo». Iban a la escuela de empleo y aprendían a ser buenos empleados. Cuando recibían la oferta de la gran empresa, lo habían logrado.

Algunos jóvenes siguen por estos caminos, por supuesto. Sin embargo, cada vez son más los que los eluden en favor de otra cosa.

Eso se debe a que han decidido que las viejas reglas del dinero —las que se basaban en la confianza y el sentido de la buena fe en las instituciones— no solo son anticuadas: las viejas reglas son una estafa.

Para ser claros, también hay verdaderos perdedores en las revoluciones. Nada más pregúntale a María Antonieta. O a los seguidores de Ned Ludd —los luditas originales—, que se rebelaron contra la industrialización rompiendo la maquinaria textil (*spoiler*: no funcionó, y se quedaron fuera).

Aun así, esa es la naturaleza del progreso. No es perfecto, pero con cada revolución surgen nuevas oportunidades para que más personas participen de la riqueza.

Únete a la fiesta. Inventa las nuevas reglas. La impresora del dinero enloqueció.

Lo que te espera

Antes de empezar a escribir este libro emprendí una serie de experimentos. Los experimentos empezaron siendo estrictamente de investigación, pero en algún momento seguí adelante. No mentiré: era divertido y adictivo.

Aposté al resultado de elecciones políticas, y aprendí bajo la tutela de profesionales. También aposté en otros mercados, incluido el resultado de la saga de Britney Spears, y el estado de las relaciones entre Kanye West y las Kardashians.

Empecé a jugar a los videojuegos por dinero de verdad, y cumplí el sueño de toda la vida de mi yo de veinte años.

Aprendí a crear arte usando inteligencia artificial, centrando mis esfuerzos en dibujos de gatos bebiendo batidos (para ver una de mis primeras obras maestras, consulta la página 105).

Y, por supuesto, compré acciones meme, porque ¿quién no lo hizo?

Como verás, algunos de estos experimentos fueron mejor que otros. Llegó un momento en que ganaba mil dólares diarios con algo llamado «agricultura de rendimiento». ¡Seguramente mi jubilación en Mónaco estaba a solo unos meses de distancia! Pero mientras veía subir las cifras, el precio del valor subyacente cayó más del 40%.

También hubo una vez que cometí un error desastroso y transferí varios miles de dólares a la cuenta de blockchain equivocada. ¿Y sabes qué? Cuando haces eso, ¡no puedes recuperarlo!

Aun así, seguí adelante. Todo en nombre de la investigación, y posiblemente de la compulsión.

Algunas personas van a Disneylandia. Yo fui a Denver a ver al fundador de Ethereum y a miles de sus acólitos entusiastas de las criptomonedas. Fui a Iowa a ver un cañón de comida que disparaba verduras al cielo. ¿Por qué no? Conocí y entrevisté a apostadores deportivos de tiempo completo, influencers de TikTok, profesionales de Calabozos y dragones y al menos a un multimillonario.

Intenté reunirme con tanta gente en la primera línea de esta revolución como pude, para contar la mejor historia posible.

A lo largo de las próximas páginas te presentaré a algunas de estas personas emprendedoras. Entre otros, conocerás a:

- El programador cualificado que tiene dos empleos de tiempo completo en forma simultánea, sin que ninguno de los dos jefes sepa del otro. No se trata de un trabajador de bajo nivel con salarios mínimos que tiene que trabajar en varios empleos para llegar a fin de mes. Acumulativamente, sus dos empleos le pagan más de 340.000 dólares al año.
- La estrella de TikTok que gana hasta 100.000 dólares al día vendiendo cursos sobre el poco sexy tema de cómo utilizar Microsoft Excel, y otra a la que pagan 50.000 dólares al mes por dormir entre luces de discoteca parpadeantes, música tecno a todo volumen y falsas redadas del FBI.
- La adolescente británica que puso en marcha un servicio para poner nombre a bebés chinos y llegó a ganar 400.000 dólares.
- El diseñador de juegos que se llevó a casa el primer premio en una feria de arte, por una obra «pintada» enteramente por IA.
- La abuela que desenmascaró a uno de los principales fabricantes de impresoras de inyección de tinta por estafar a los clientes para que compraran sus cartuchos de tinta de marca, demasiado caros, y ganó una demanda colectiva de 1,5 millones de dólares en el proceso.

Y, como se suele decir, y mucho más.

Cómo leer este libro

Este libro es una guía de campo de la Revolución del Dinero. En él aprenderás a utilizar las nuevas herramientas y plataformas que la tecnología ha habilitado para capitalizar estas tendencias.

Algunas de las estrategias en las siguientes páginas serán útiles para cualquiera, en cualquier lugar, independientemente de la cantidad de dinero a la que tenga acceso en la actualidad. Otras serán más útiles para quienes tengan algo de dinero para invertir y busquen formas creativas de hacerlo crecer (o simplemente de protegerlo de la inflación u otras pérdidas).

Aunque no siempre lo parezca, incluso las revoluciones tienen reglas, o al menos las que tienen éxito. Una revolución sin reglas no es más que un motín. Así que, para sacar el máximo provecho de los capítulos que siguen, vale la pena tener en cuenta estas reglas:

1) Como las cosas cambian tan deprisa en tiempos de revolución, puede que algunos ejemplos sobre los que leerás ya no sean relevantes, o simplemente sean menos útiles. En esos casos, céntrate en lo que puedes aprender de la historia. ¿De dónde surgió la idea y qué medidas tuvo que tomar alguien para hacerla realidad? Piensa en cómo aplicar un enfoque similar a otras ideas.

2) No tengas miedo de cambiar de opinión. Lo que funcionaba antes no garantiza que funcione ahora, y lo que funciona ahora no siempre funcionará en el futuro. Sobre todo, sigue los consejos que tengan sentido para ti e ignora el resto. De hecho, esa es una buena forma de leer cualquier libro.

Las historias son interesantes por sí mismas, pero también espero que aprendas algo de ellas. Cuando hayas terminado de leer este libro estarás familiarizado con una amplia gama de estrategias para poner en marcha tu propia historia de éxito. Por ejemplo:

- Consigue financiamiento de mercados no tradicionales, incluido dinero directamente de inversionistas que quieran apostar por tu futuro.
- Aprovecha las oportunidades asimétricas, en las que el riesgo es bajo y la recompensa potencial es alta: retransmisión en directo, microinversión en nuevos valores, etcétera.
- Convierte una habilidad o área de conocimiento que ya tengas en un producto monetizable que pueda diversificar tus ingresos.
- Utiliza sencillas herramientas de IA para poner en marcha un proceso creativo o simplemente para generar más trabajo creativo en menos tiempo.
- Adopta una nueva forma de pensar que pueda servirte durante mucho tiempo en el futuro, a medida que evolucionen las reglas y lleguen nuevas oportunidades.

Esta última habilidad es la más importante. Como ya sabrás, el ritmo de la economía mundial cambia de forma constante.

Pero no pasa nada. El cambio es constante, pero si entiendes lo que nos ha llevado hasta este punto y cómo puedes aplicar estas lecciones, estarás muy por delante de la mayoría de la gente.

Para entender por qué esto es importante, empecemos por una de las características fundamentales de esta era. En el mundo del capitalismo digital, todo está en venta.

2

Bienvenido al mercado máximo

Concepto: La Revolución del Dinero nos ha llevado a una fase de la sociedad moderna en la que todo está a la venta. Cualquier habilidad, talento, afición o fuente de conocimiento puede monetizarse. Las plataformas descentralizadas te permiten salir al mercado de forma inmediata, sin bancos ni otros guardianes.

No hay nada como una conmoción económica masiva para desencadenar una revolución. Y la conmoción provocada por la pandemia vino acompañada de una conmoción social de las mismas consecuencias. Uno de los indicadores más estremecedores de que las cosas estaban cambiando, quizá de forma permanente, fue la constatación de que, por muy avanzada que hubiera llegado a ser nuestra civilización, un virus repugnante podría aparecer un día y paralizar casi todo el mundo.

Tanto si has perdido a seres queridos como si tú mismo te enfermaste o, de algún modo, conseguiste librarte, lo más probable es que hayas reflexionado durante este tiempo. Todo el mundo lo hizo.

Fue en esta época en la que millones de personas empezaron a cuestionarse su lealtad al lugar de trabajo. A veces se ha descrito la Gran Dimisión como un problema de concordancia, es decir, que mucha gente estaba en los trabajos equivocados, y que llevaría tiempo solucionar las cosas. Pero a cualquiera que prestara atención le parecía que la mayoría de esas personas renunciaban simplemente porque estaban hartas.

Millones más se unieron a algo que se llamó el *Quiet Quitting*, o la «Renuncia Silenciosa», un movimiento que animaba a los empleados a seguir cobrando su salario, pero a dejar de trabajar tan duro para sus empleadores. El antitrabajo, una subcultura que prosperó en Reddit, se inspiró en el marxismo para afirmar que el modelo de trabajo actual, y quizá incluso el propio capitalismo, era fundamentalmente defectuoso y necesitaba ser desmantelado.

Todos estos movimientos, por muy diferentes que parecieran, tenían dos cosas en común. La primera era un amplio escepticismo y desconfianza hacia «el sistema». El gobierno, sin importar quién estuviera al mando, se consideraba ineficaz. Los bancos eran unos saqueadores. Wall Street, los fondos especulativos, la puerta giratoria del gobierno y la industria privada: todo estaba amañado a favor de las élites.

Este fue el raro movimiento social que trascendió la política. Tanto si veían a Rachel Maddow como si escuchaban a Joe Rogan, ¡los consumidores de opinión estaban furiosos!

El populismo alimentó las campañas políticas, desde Bernie Sanders hasta Donald Trump. Aunque por lo demás eran ideológicamente opuestos, los dos ancianos neoyorquinos desplegaron con habilidad un mensaje ajeno y *antiestablishment* para atraer los votantes.

Lo segundo, sin embargo, fue que era complicado. Muchos de los autoproclamados anticapitalistas ¡estaban motivados por el dinero! Estaban furiosos, claro, pero eso no significaba que quisieran vivir en la pobreza.

Otro meme más, *Get the bag* (consigue la bolsa), es decir, la bolsa de dinero se impuso. A los antiobreros no les gustaba la idea de que sus patrones se enriquecieran a costa de su trabajo mal pagado, pero no se oponían desde el punto de vista filosófico a la idea de adquirir ellos mismos grandes sumas de dinero.

Se lanzaron pódcast con millones de dólares en patrocinios. Los influencers de Instagram vendían bolsas y vapeadores. Más de un millón de personas crearon tiendas Shopify, y vendían en ellas cualquier cosa que pudieras imaginar. Al final del día, todas esas personas que perseguían la vida sin trabajo aún tenían que pagar la renta.

Estas realidades coexistieron, a veces de forma desordenada, siempre en flujo.

Cuando se cierra una puerta de carga

En la primavera de 2020, cuando se cancelaron de forma abrupta las clases, la profesora de estudios sociales Rebecca Rogers volvió a casa y empezó una carrera por completo nueva.

A medida que se prolongaba el encierro junto con las largas horas de enseñanza virtual, se vio cada vez más necesitada de una salida para el agotamiento y el estrés. Además, le gustaba experimentar. Así que, por capricho, Rogers decidió abrirse una cuenta en TikTok y publicar vídeos «haciendo el ridículo». Un típico vídeo suyo comparte una historia de algo divertido o terrible (o ambas cosas) que le ocurrió ese día. También responde a preguntas en una serie llamada «¿Soy la manzana podrida?», una versión más suave del foro «¿Soy yo el cabrón?» (*Am I the Asshole?*) de Reddit. Rogers interpreta a varios personajes, alternando con frecuencia la perspectiva del profesor y la del alumno, y a veces incluye también a un padre furioso o a un director manipulador.

A sus alumnos preadolescentes y adolescentes les preocupaba que la cancelaran, pero ocurrió algo más: se hizo famosa. Y aquí es donde podemos empezar a ver cómo las dificultades de unos crearon oportunidades para otros.

Tras los cierres llegó la crisis mundial de la cadena de suministro. En Gran Bretaña un joven de veintidós años llamado Jake Slinn inició un negocio de compra de contenedores sin abrir que estaban atascados en puertos de todo el mundo, para luego revender su contenido.

Cada uno de los contenedores que compraba era una bolsa de sorpresas, como las que se ven en *Storage Wars*, solo que se trataba de enormes contenedores con mercancías de todo el mundo. Un cargamento podía contener materiales de construcción en bruto; otro, electrónica barata producida en serie. Obras de arte, patines eléctricos, autos, queso francés... Jake lo veía (y revendía) todo.

Cuando se cierra una puerta de carga se abre un buque portacontenedores. La interrupción del transporte marítimo permitió que el negocio de Jake prosperara.

Otra interrupción que generó todo un nuevo ecosistema de empresas fue la transición al trabajo a distancia. Las empresas que hasta entonces se habían resistido a permitir que sus empleados trabajaran desde casa de repente no tuvieron elección y, tras algunas dificultades, la transición resultó ser más fácil de lo esperado.

En apariencia, todo podía trasladarse a internet, desde los servicios religiosos hasta la terapia, pasando por las clases de música y toda una serie de actividades que parecían imposibles en un entorno remoto solo unos meses antes. La comodidad y la escala que esto permitía allanaron con rapidez el camino a todo tipo de nuevas oportunidades de negocio.

Una amiga mía creó un grupo de meditación virtual, cobrando 20 dólares al mes. Pronto tuvo varios miles de dólares de facturación mensual y una lista de espera. Supe de un adiestrador de perros que ofrecía clases por Zoom. Audiencias judiciales, visitas al médico, citas rápidas, lo que se te ocurra... todo era a distancia, o al menos podía serlo.

Cómo empezó, cómo va

Bienvenido a la era del mercado máximo, donde todo lo que puedas imaginar (y muchas cosas que no) se puede comprar y vender en mercados virtuales en rápida evolución.

Surgieron nuevas redes y formas de pago para dar servicio a este nuevo panorama, en el que cualquiera que vendiera sesiones virtuales de adiestramiento de perros o el contenido de contenedores de carga podía eludir las comisiones de las transacciones con tarjeta de crédito y aceptar los pagos directamente.

De forma simultánea, muchas normativas y controles salieron por la ventana, y se eliminaron las barreras de entrada para cualquiera con una conexión a internet y una idea. Los productos y modelos financieros que antes solo estaban al alcance de los operadores profesionales pasaron a ser superaccesibles (¡para bien o para mal!).

Se hizo más fácil que nunca acumular un enorme número de seguidores en las redes sociales, y monetizarlos mediante anuncios y patrocinios de marcas, y surgieron innumerables microcomunidades y nuevas formas de organizarse que antes sencillamente no existían.

Sí, desde la prehistoria de MySpace la gente ha podido «construir un seguimiento social». Pero nunca como ahora.

Rebecca Rogers, la profesora convertida en estrella de TikTok, acumuló más de un millón de seguidores en cuestión de meses. Pronto marejadas de solicitudes de patrocinadores la abrumaron y se despertaba cada día con otras diez mil personas que la visitaban. El pago directo que recibía por sus vídeos virales palidecía en comparación con lo que ganaba por las alianzas con patrocinadores, igual que los atletas profesionales con acuerdos promocionales que eclipsan con creces sus grandes contratos por practicar un deporte.

Compara esta historia con otra que conté en mi pódcast hace un par de años. En esa historia anterior, una profesora muy trabajadora había recopilado diligentemente una colección de ayudas curriculares para lenguas extranjeras que vendía en internet a otros profesores, y llegó a ganar 3.000 dólares más al mes con su esfuerzo, más de la mitad de su salario como profesora. Pero en esta nueva era Rebecca Rogers podía ganar mucho más con un solo post patrocinado. La diferencia era asombrosa. Su proyecto no solo era mucho más lucrativo, sino que funcionaba a una escala diferente de interacción.

En este nuevo mundo feliz, cualquiera puede ser un creador, y los creadores (a veces llamados *influencers*, aunque no son lo mismo) tienen todo el poder. Tampoco tienen miedo de utilizarlo. Las campañas de acción colectiva pueden redistribuir la riqueza, otorgar un estatus instantáneo de celebridad o simplemente causar estragos en los mercados.

Incluso los gobiernos se dieron cuenta de que podían salirse con la suya vendiendo casi cualquier cosa. Por una contribución no reembolsable de 150.000 dólares, la nación insular de Granada puso a la venta la ciudadanía. Para no quedarse atrás, su vecina Dominica ofrecía entrar en la familia por solo 100.000 dólares.

En Estados Unidos, el Parque Nacional de Yellowstone ofrecía un pase anual por 1.500 dólares. Parece una buena oferta para un visitante frecuente, pero había un pequeño extrita. El pase (apropiadamente llamado Pase de la Herencia) sería válido durante los próximos ciento cincuenta años.

Así es, si el planeta sigue existiendo en 2172 —y suponiendo que el Servicio Nacional de Parques siga dirigiendo el espectáculo en Yellowstone— tus descendientes podrán visitarlo gratis.

¡Menudo ofertón!

Es un momento emocionante, confuso, desorientador y fascinante para estar vivo.

¿Se me ve sexy en este coche eléctrico?

El Grupo Naked Brand (o, como lo conocen sus accionistas, NAKD) originalmente era conocido por su gestión de Frederick's of Hollywood, una marca de lencería de gama baja que operaba tiendas en centros comerciales moribundos de toda América.* Cuando el auge del comercio electrónico asestó el golpe de gracia a muchos de estos centros comerciales, Naked Brand se convirtió en un minorista mayoritariamente online.

Pero bueno, hasta aquí todo normal: un fabricante de ropa cachonda lucha por sobrevivir tras la casi extinción de los centros comerciales. ¿Esa es la historia?

* La procedencia de la empresa es un poco turbia. Se fundó en Canadá y luego se trasladó a Nueva Zelanda, mientras cotizaba en la bolsa estadounidense Nasdaq con el símbolo NAKD.

Esto es lo que ya no fue tan normal: animados por la era del «todo es posible», NAKD hizo un movimiento abiertamente ambicioso: decidieron entrar en una nueva línea de productos: los coches eléctricos.

Así es, desde lencería hasta vehículos eléctricos. Fue como si la dirección de la empresa echara un vistazo a su alrededor y dijera: «Oigan, chicos, ¿qué es lo más de moda ahora mismo?».

«Bueno, Tesla está en la onda…».

«¡Genial, hagamos lo que ellos hicieron!».

Así que, a pesar del molesto detalle de que los coches eléctricos no tenían absolutamente nada que ver con su negocio, NAKD persiguió entonces una fusión de 1.300 millones de dólares con Cenntro Electric Group, un fabricante chino de EV Motors.

Seguro que un movimiento tan absurdo no provocaría más que una carcajada, ¿verdad?

Error. Los inversionistas se abalanzaron, e hicieron subir las acciones más del 80 %. Ahora la empresa vende menos medias y más coches inteligentes.

En la era del capitalismo digital, nada está prohibido, ni siquiera en un mercado sexy.

Cómo era el comercio electrónico en sus inicios

A algunos lectores esta sección les sonará como si alguien de la Generación Grandiosa les contara historias sobre la liberación de Europa durante la Segunda Guerra Mundial. En realidad así es como fue. Yo estaba en la playa durante la invasión principal.

De repente con el cambio de siglo (¡2000!) podías vender cosas por internet a la gente, estuviera donde estuviera. Ebay, Etsy y muchos otros mercados permitieron a la gente convertirse en vendedora semiprofesional. Como vendedor, podías entrar literalmente en tiendas como Walmart o Toys «R» Us, comprar artículos y luego ponerlos a la venta en internet por mucho más de lo que habías pagado. (Yo lo hacía con regularidad).

Los compradores eran en extremo confiados o muy desconfiados, y a veces ambas cosas a la vez. Algunos compradores pensaban que cualquier cosa que se vendiera en internet tenía que ser sin duda una ganga increíble; otros estaban igualmente convencidos de que todo era una estafa. Exigían llamadas telefónicas de verificación antes de efectuar el pago de un artículo de 10 dólares. Te pedían que les enviaras el pedido antes de pagar. Se enfurecían y dejaban críticas negativas si no les llegaba en dos días, mucho antes de que Amazon convirtiera el envío rápido en una norma del sector.

Hablando de pagos, los compradores enviaban cheques personales o incluso dinero en efectivo por correo, a veces en moneda extranjera si estaban fuera del país. Alquilé un apartado postal e iba todas las tardes para recoger los cheques entrantes y a enviar los últimos paquetes. Una vez una empleada de correos me preguntó si podíamos comer juntos. No era una cita; solo quería aprender cómo empezar a vender por internet.

De vez en cuando, por aquel entonces, tu cuenta PayPal se cerraba sin que pudieras conocer el motivo. Recibías un correo electrónico genérico diciendo que tu cuenta estaba cerrada. Eso era todo: cerrada. Desaparecida. Inaccesible. No había recurso posible, y ni siquiera podías ponerte en contacto con nadie de la empresa para discutirlo.

Cuando eso ocurría, perdías los fondos que hubiera en la cuenta, pero no quedabas totalmente desconectado del sistema, lo que significaba que podías abrir una cuenta nueva utilizando la misma información. A nadie en la empresa le importaba, o al menos a nadie le importaba comprobarlo.

Durante una temporada en la que vendía café importado, registré proactivamente una segunda cuenta para protegerme de los caprichos de PayPal. Esta cuenta vendía el mismo producto, pero la registré con un nombre de empresa distinto e hice listados de precios separados para el café.

Pronto descubrí que la segunda cuenta tenía otra ventaja: básicamente había creado mi propio competidor, que en última instancia canalizaba las ventas hacia la misma fuente.

Un día me retrasé en la atención a un cliente y me hizo gracia cuando el comprador me envió un mensaje para quejarse. «Voy a comprar a King Java en vez de comprarte a ti», me dijo.

El Rey Java, por supuesto, también era yo.

Era el mejor de los tiempos, era el más extraño de los tiempos, o eso parecía. Por aquel entonces pensaba que era la época de apogeo. Pero resultó que no era el apogeo en absoluto: solo era nuevo. El ápice estaba aún por llegar.

El comercio electrónico era rápido pero limitado

Lo que vimos entonces fue que estos sistemas abrían puertas a mucha gente, pero no a todo el mundo.

«Cuando se trata de vender por internet —dije una vez— a nadie le importa que seas un niño». Eso era cierto, hasta cierto punto. Pero la mayoría de los niños que tienen negocios en internet recibieron ayuda en algún momento. No podían conseguir sus propias tarjetas de crédito ni aceptar pagos de desconocidos sin que un adulto, en algún lugar, respondiera por ellos.

Y no eran solo los niños: los pequeños empresarios como yo no teníamos en verdad el control. Aún dependíamos de plataformas centralizadas que nos permitieran publicar artículos a la venta, y de grandes empresas que procesaran las transacciones. Para aceptar tarjetas de crédito, por ejemplo, teníamos que obtener una cuenta comercial de un banco. Esto era a menudo un reto, en especial para los minoristas de internet que intentaban explicar su modelo de negocio a los representantes bancarios de la vieja escuela.

Si ganabas «demasiado dinero», el banco sospechaba y retenía tus fondos. Como ya mencioné, incluso PayPal era notoriamente malo en esto (y sigue siéndolo).

Esto presentaba la posibilidad de que el propietario de una pequeña empresa se viera exprimido hasta el punto de ruptura. Si habías ingresado mucho dinero de una venta y lo necesitabas urgentemente para algo —para poner en marcha un acontecimiento para el que los asistentes habían comprado entradas, por ejemplo, o para fabricar el producto que habían comprado durante una preventa—, no tenías suerte.

A los bancos no les importaba que hubieras hecho ventas y tuvieras clientes esperando. Los clientes no querían saber nada de los problemas de tu cuenta de vendedor; solo querían recibir lo que habían pagado.

Para hacer el cuento corto: en la era del comercio electrónico, los bancos y las plataformas centralizadas tenían mucho control. Te permitían dirigir tu negocio, pero también tenían el poder de cerrarte.

Rápido, extraño y descentralizado

Llevo veinticinco años en el mundo de los negocios en línea y casi el mismo tiempo escribiendo historias sobre la «nueva economía». Mientras investigaba para este libro y hablaba con la gente, percibí que esta vez había algo diferente, pero ¿qué era exactamente? ¿Qué tiene la economía pospandémica que la hace tan distinta?

Por fin me decidí por tres cualidades: rápido, extraño y descentralizado. La mayoría de las historias que leerás en este libro se ajustan al menos a una de esas descripciones, y a menudo a más de una. Además, las cualidades tienden a reforzarse mutuamente. Cuando algo es rápido y descentralizado, por ejemplo, tiende a lograr un crecimiento temprano masivo, y también es probable que sea algo de lo que nunca hayas oído hablar.

Más rápido que nunca

La velocidad y la escala de los modelos de negocio actuales son muy distintas de las de antaño, hacia principios de la década de 2010.

Mr. Beast, uno de los youtubers más populares de todos los tiempos, ganó decenas de millones de dólares antes de cumplir los veintitrés años. También consiguió 159.000 nuevos seguidores en un solo día. Cuando quiso ampliar aún más su alcance, simplemente dobló sus vídeos al español. No pasó mucho tiempo antes de que su canal en español pasara de 300.000 espectadores a 22 millones en un solo año.*

Pronto siguieron otras traducciones al hindi y al portugués, así como otra afluencia de nuevos suscriptores. (En realidad, Mr. Beast no habla ninguno de estos idiomas, pero a nadie parece importarle).

En el mundo de las criptomonedas, las monedas recién lanzadas pueden atraer enormes sumas de dinero de los inversionistas. A veces ¡los inversionistas no sabían nada del proyecto! «Suena bien» era una justificación suficiente. Además, el tiempo era esencial. Si esperabas a la verificación o a algún intento de diligencia debida, podías llegar demasiado tarde.

Más raro que nunca

Durante casi todo un siglo, la forma en que los trabajadores se preparaban para entrar y avanzar en la fuerza de trabajo era en cierto modo predecible. Completabas una cierta cantidad de estudios superiores, obtenías títulos o certificados u otros costosos marcadores de aprobación.

Elaborabas tu currículum, ibas a montones de entrevistas y acumulabas recomendaciones de LinkedIn. En un momento dado, algún empleador te invitaba a unirte a su tribu, o quizá a su corporación multinacional. A cambio de un determinado número de horas semanales, y de algún trabajo presumiblemente (pero no necesariamente) relacionado con la formación que habías realizado, recibirías la remuneración acordada.

---

* https://www.dailymail.co.uk/femail/article-11429671/MrBeast-followed-person-YouTube.html.

¡Así funcionaba el mundo laboral! Y todavía funciona así para mucha gente.

Del mismo modo, la forma en que organizabas tus finanzas personales, desde las inversiones para la jubilación hasta los ahorros a corto plazo, estaba más o menos estandarizada. Tenías unas cuantas cuentas diferentes, incluida una para tus gastos diarios y otra que utilizabas para ahorrar para el futuro.

Elegías entre una selección de planes de jubilación y tratabas obedientemente de contribuir a lo largo del tiempo. Con suerte, tu empresa también aportaba algo.

Sobre todo, cruzabas los dedos para que fuera dinero suficiente para vivir en algún momento de un futuro lejano. Mientras tanto, intentabas gestionar cuestiones más inmediatas: vivienda, préstamos, etcétera.

Por supuesto, había alternativas a estos dos caminos. Algunas personas optaban por abandonar el empleo tradicional y creaban una empresa. Otros invertían de forma más agresiva o no invertían en absoluto. Y de vez en cuando conocías a alguien que se ganaba la vida de una forma que parecía en serio radical.

Una vez más, llevo mucho tiempo estudiando negocios inusuales. En un libro anterior, *Side Hustle. Crea un negocio propio, sin dejar tu trabajo*, escribí sobre un tipo que enviaba grillos vivos a propietarios de reptiles. Una vez escribí sobre una empresa llamada BirdSupplies.com, especializada en productos «antiplumas» para loros. Entrevisté a un instructor profesional de hula hoop, a un ingeniero convertido en apapachador profesional e incluso a un tipo que no comió más que papas durante un año, antes de convertirse en entrenador dietético y de *fitness*.

En otras palabras, hace falta mucho para sorprenderme.

Pero por muy extravagantemente creativas que fueran algunas de esas empresas, asombra el ingenio de todas las cosas raras que se compran y venden hoy en día. En el Reino Unido, un joven de veintisiete años puso a la venta en eBay a su amigo imaginario, diciendo que había superado la relación. Atrajo una docena de ofertas.

En San Francisco un grupo de empresarios ha abierto una cafetería *pop-up* para ratas, donde los visitantes pueden saborear su café mientras se instalan junto a ratas vivas que deambulan libremente. (Un comentarista en internet bromeó: «Soy de Brooklyn, no tenemos que pagar más por eso»).

La lista es interminable. Si lo raro ya era la nueva normalidad cuando empecé a escribir y a hacer pódcast sobre trabajos novedosos, en los últimos años he encontrado un montón de ejemplos que han superado todo lo anterior.

Esto es así por diseño. En la era del mercado máximo, cuanto más novedosas sean tus ofertas, más probabilidades tendrás de que destaquen y llamen la atención. En este abarrotado y ruidoso mercado de bienes e ideas, la novedad y la creatividad son moneda de cambio.

O dicho de otro modo: lo raro vende.

Descentralizado (por primera vez)

En Goa, India, un emprendedor financiero puso en marcha un ecosistema integral de gestión del dinero que atrajo siete millones de dólares de capital, incluida una inversión de Mark Cuban. Inspirado por un taller al que había asistido un año antes, su fundador había aprendido codificación por su cuenta y acumulado unos meses de experiencia en consultoría antes de sentarse a construir su plataforma de inversión descentralizada, lo que hacía en su tiempo libre, cuando no estaba asistiendo a la escuela secundaria.

Este emprendedor financiero, llamado Gajesh Naik, de trece años, bien podría representar el ejemplo máximo del mercado máximo. Siempre ha habido niños inteligentes y precoces a los que se les dan bien los ordenadores y las matemáticas. Y los *hackers* suelen ser jóvenes. Pero ¿con qué frecuencia un preadolescente de la India consigue millones de dólares de capital de inversión en cuestión de meses?

En las plataformas descentralizadas no es tanto que a nadie le importe si eres un niño, sino que nadie sabe siquiera si eres un niño. Esto se debe a que las redes descentralizadas permiten que los servicios funcionen en un sistema «sin confianza» en el que todo es visible públicamente, salvo las identidades del mago o magos que están detrás de la cortina y, a veces, incluso de los propios participantes.

El término «descentralizado» solía referirse a los rincones más oscuros y nefastos de la red: lugares como Silk Road, el mercado que funcionaba como un Walmart para aspirantes a anarquistas, donde se ponía a la venta todo tipo de mercancías prohibidas. Si querías comprar una bolsa de drogas sintéticas, o tal vez un lanzagranadas, y que te lo enviaran a casa por FedEx, Silk Road era el lugar al que debías acudir.

Por supuesto, siguen existiendo plataformas descentralizadas que venden productos nefastos. Pero también existen innumerables plataformas legítimas que trafican con actividades más típicas. En la jerga del capitalismo digital, «descentralizado» no necesariamente significa turbio, sino abierto a todos. Es un principio de la arquitectura de internet, donde el poder se distribuye lejos de los bancos y otras instituciones, y a manos de «la comunidad».

Al menos en teoría. Como verás, el concepto es problemático y dista mucho de ser perfecto en sus versiones actuales. A veces es más una aspiración o un ideal que una realidad. En lugar de ser una zona de comercio libre para todos, por ejemplo, Silk Road era en realidad más bien un negocio comercial dirigido por un capo solitario, que ahora vive sus años de doble cadena perpetua en una prisión Supermax.

También tenía otros problemas que iban más allá del hecho de que podías encargar heroína y lanzallamas a domicilio. Por un lado, los pagos con bitcoin son «prácticamente imposibles de rastrear» en teoría, pero en la práctica basta un solo error en algún punto de tu cadena de transacciones para que las autoridades te encuentren. Tras el desmantelamiento de la infraestructura de la Ruta de la Seda, agentes federales de una docena de países se dedicaron a detener a cientos de clientes que pensaban que su anonimato estaba protegido.

Sin embargo, el concepto de que el poder está menos centralizado, si no totalmente desligado de una autoridad central, aparece en muchas de las historias que leerás en las páginas que siguen.

Suena extraño, pero (por lo general) es racional

Las diversas ideas para ganar dinero que leerás en este libro son en verdad excéntricas, hasta el punto de que te preguntarás cómo es posible que tengan éxito. Sin embargo, la mayoría de ellas se basan en principios empresariales probados a lo largo del tiempo. Incluso los productos o servicios que pueden parecer absurdos en un principio suelen cumplir unos sencillos requisitos comunes a la mayoría de los mercados de éxito. Por ejemplo:

Oferta y demanda: En la Universidad de California en Berkeley, la matrícula está limitada para algunas de las clases más populares, así que un estudiante ambicioso creó una forma de pujar por las vacantes que no quería. Si quieres entrar en un curso y está lleno, ¿por qué no utilizarías un mercado que pone en contacto a compradores y vendedores?

Espacio limitado u otras restricciones: En Japón una persona emprendedora ha desarrollado un servicio de coche compartido que permite a los compañeros de oficina que buscan tranquilidad utilizar plataformas de coche compartido para alquilar coches sin tener que conducirlos a ningún sitio. Puede parecer una locura, pero Tokio es un lugar abarrotado, y alquilar un coche en un estacionamiento para comer con tranquilidad o tener una hora de intimidad tiene sentido.

Ventaja geográfica o económica: La capital dental del mundo se encuentra en Los Algodones, México, una ciudad fronteriza a solo 15 minutos de Yuma, Arizona. También se la conoce como «Ciudad Molar», ya que la pequeña zona incluye más de 350 clínicas dentales, creadas con el propósito expreso de prestar servicios asequibles a los estadounidenses visitantes, que cruzan la frontera para ahorrarse hasta un 70 % en implantes, coronas y otros procedimientos comunes.

Los dentistas de Los Algodones pueden ofrecer ese ahorro no solo porque la mayoría de los materiales y equipos dentales son por lo general más baratos en México. También se debe a que muchas industrias, incluidas las dentales, crean una escasez artificial y se dedican a fijar precios. En otras palabras, el trabajo dental en Estados Unidos es más caro de lo necesario, porque la industria se confabula para mantener los precios altos.

Operar en una jurisdicción cercana (o incluso lejana) que no esté sujeta a tantas restricciones te permite ofrecer precios más bajos a quienes estén dispuestos a visitarte, sin dejar de obtener beneficios.

Apelar a la nostalgia y a los valores compartidos: Un sello discográfico de Indiana ha estado publicando música en formatos deliberadamente oscuros como parte de una protesta contra los servicios de *streaming*, en los que todas las canciones están disponibles bajo demanda. Los formatos recientes incluyen casetes cubiertos de fragmentos de cristales rotos y un álbum entero en una cinta magnética desenrollada.

El hecho de que no puedas escuchar realmente parte de la música de este sello discográfico se considera una ventaja para las personas nostálgicas de los tiempos de las cintas y el vinilo. (Si eso no tiene sentido para ti, no eres el mercado objetivo).

Desesperación: Si compraste cientos de bitcoins a precio de ganga hace una década, pero luego olvidaste la contraseña de tu monedero (tristemente, un problema común), puedes contratar a un «Hipnotizador Recuperador de bitcoins» para que te refresque la memoria.

Ves por qué es un mercado eficiente, ¿verdad? Si perdieras esa contraseña y un hipnotizador pudiera ayudarte realmente, valdría lo que costara.

En otras palabras, por extraño que parezca, la mayoría de estas cosas tienen algo de racional, al menos la mayor parte del tiempo.

¿Qué hay para ti?

No te equivoques, este es un momento confuso y desorientador. Sería fácil tacharlo de exuberancia irracional, como ha hecho mucha gente.

Pero la fortuna favorece a los preparados, y las cosas buenas llegan para quienes pasan a la acción. La última vez que hablé con Rebecca Rogers, la profesora de estudios sociales convertida en tiktoker, había creado un pódcast, que después fue adquirido por una gran productora. También tenía programadas ocho conferencias educativas en los próximos meses.

Hacer vídeos divertidos de profesores resultó ser mucho más que un rápido éxito viral, pronto olvidado. Esos vídeos llevaron a Rebecca a una nueva carrera con un potencial ilimitado.

Los expertos ya han predicho antes de tiempo la llegada del mercado máximo. Era fácil hacerlo. Al fin y al cabo, la proliferación de mercados es un subproducto natural del progreso y el crecimiento económico.

Pero hasta ahora este crecimiento tenía límites. Era como el coche de alquiler que tuve una vez en Dubái que tenía un tope en el velocímetro. Cada vez que superaba en unos kilómetros el límite legal de velocidad, empezaba a pitarme y no paraba hasta que reducía la velocidad. Si intentaba forzarlo más, simplemente no aceleraba.

Hoy el tope del velocímetro ha desaparecido. Todo el mundo tiene algún talento que puede monetizar, algún servicio que puede ofrecer, alguna idea que puede vender.

Hay un nuevo mercado, se llama En todas partes.

Y si quieres formar parte de él, presta atención. Si todos los demás están «consiguiendo su bolsa», ¿dónde está la tuya?

3

Apuesta por Britney

Concepto: Ahora puedes apostar dinero real sobre resultados electorales, acontecimientos internacionales, la economía y cualquier otra cosa que puedas imaginar, incluida Britney Spears. Si quieres crear tu propio mercado de apuestas, también puedes hacerlo. Para tener las mayores probabilidades de éxito, ignora tus opiniones personales y busca mercados con malas cotizaciones.

Rápido, ¿quién será el próximo presidente de Estados Unidos? ¿Y el próximo juez del Tribunal Supremo? ¿El Congreso aprobará el último proyecto de ley sobre el clima?

Si vives en Estados Unidos (o estás atento a lo que ocurre en ese país) sin duda tienes opiniones sobre estas cuestiones. También sabes que estas opiniones son divisivas. Pero aquí hay algo nuevo: ahora puedes apostar dinero real sobre ellas. Si crees que tienes una visión de lo que va a ocurrir en el próximo ciclo electoral —o en cualquier otro acontecimiento futuro—, puedes sacar provecho de tus predicciones.

Experimentos de crítica aficionada

Cuando me enteré de las apuestas en los mercados de predicción, pensé en estudiarlas como investigación para este libro. Leería la literatura académica, entrevistaría a expertos y escribiría desapasionadamente sobre la experiencia.

¿A quién quiero engañar? Soy competitivo y compulsivo. Como es natural, imaginé que sería lo bastante bueno como para ganar dinero con ello.

Para mi primera incursión en el mundo de los mercados de predicción, recurrí a PredictIt.org, uno de los primeros mercados de apuestas políticas que funciona a escala. Un «mercado» es, en esencia, una quiniela, y hay un par de cientos de mercados abiertos en un momento dado, que permiten a la gente apostar dinero real en todo tipo de acontecimientos políticos.

Algunos ejemplos típicos:

- El índice de aprobación del presidente
- Cuántos votos recibirá el presidente de la Reserva Federal
- Qué partido ganará las elecciones al Senado en Arizona
- El próximo líder del G-20 que dejará su cargo

Hice un depósito inicial de mil dólares y empecé a hacer apuestas. Faltaban año y medio para las elecciones legislativas de 2022, pero ya estaba seguro de que era imposible que Marco Rubio perdiera Florida, y que los demócratas de la Cámara de Representantes perderían escaños casi con toda seguridad. ¿Tendría lugar la confirmación de otro juez del Tribunal Supremo en los próximos tres meses? Hummm. Permíteme comprobarlo con mis fuentes.

El mercado predijo solo un 20 % de probabilidades para la última pregunta, pero acepté la apuesta y puse 100 dólares.

Durante dos semanas supervisé activamente el sitio, buscando nuevos mercados en los que apostar y cambios de opinión. Conseguí una gran victoria cuando estaba navegando en el ordenador y recibí una alerta de noticias en mi teléfono: «Netanyahu dimitirá como primer ministro de Israel».

De inmediato me dirigí a un mercado de apuestas sobre «el próximo primer ministro de Israel» y aposté 100 dólares al segundo, que había quedado por detrás de Netanyahu en las encuestas.

En uno o dos minutos las probabilidades cambiaron, pero no antes de que hubiera hecho mi apuesta. Dos semanas después, cuando el traspaso de poder fue oficial, cobré 60 dólares en ganancias, junto con la devolución de mis 100 dólares originales.

Fue entonces cuando me di cuenta de que ganar dinero de verdad en estos mercados no consiste solo en hacer conjeturas y sentarse a ver qué pasa, sino también en vigilar las noticias y las tendencias y actuar con rapidez en función de lo que aprendes. Después de eso mantuve PredictIt abierto en una pestaña y empecé a prestar mucha más atención a las alertas de noticias. No solía responder tan rápido como la primera vez, pero de vez en cuando conseguía una victoria fácil.

Para ser honesto, tuve un poco de suerte con mi apuesta en tiempo real sobre la salida de Netanyahu. La mayoría de las veces no vas a ganar dinero rápido solo por suscribirte a las notificaciones de los centros informativos. Sin embargo, si profundizas, puedes obtener una ventaja real. A diferencia del mercado bursátil, que cuenta con un gran número de operadores (muchos de ellos con acceso a herramientas que ni tú ni yo podemos conseguir), los mercados de predicción son aún lo bastante nuevos como para que un investigador medio, aunque diligente, pueda salir ganando. Las cifras exactas son difíciles de precisar, pero los expertos con los que hablé sugirieron que hay al menos unos cientos de personas que ganan 50.000 dólares al año o más apostando en las elecciones.

Haz tus apuestas

Curiosamente, PredictIt es propiedad de la Universidad Victoria de Wellington (Wellington, Nueva Zelanda). Así es, durante años, uno de los pocos sitios donde los ciudadanos estadounidenses podían apostar legalmente en las elecciones de su propio país estaba gestionado por una universidad a miles de kilómetros de distancia.

Hasta hace poco todo esto era perfectamente legal, gracias a un enrevesado acuerdo al que llegó la universidad con la Comisión de Comercio de Futuros de Materias Primas (CFTC). Para contentar a la CFTC, PredictIt tuvo que aceptar operar con una serie de limitaciones. La mayor es el dinero: los usuarios solo pueden apostar hasta un máximo de 850 dólares en cada mercado. Otras condiciones incluían un tope sobre el número de usuarios que pueden participar en un mercado concreto (cinco mil), que el mercado solo se utilizaría con fines académicos y de investigación, y que funcionaría sin ánimo de lucro, sin gastos de corretaje ni comisiones (PredictIt también prometió portarse bien y limpiar su habitación antes de salir a jugar).*

Un tope de 850 dólares por mercado puede parecer limitante, pero si quieres apostar cantidades mayores, solo tienes que repartir tu dinero. Hay cientos de mercados abiertos en cualquier momento, lo que te da muchas opciones. Además, a menudo hay varios mercados abiertos con la misma pregunta, solo que en formas diferentes.

Por ejemplo, ambos mercados podrían estar disponibles para apostar:

> Mercado 1. ¿Ganarán los republicanos la Cámara de Representantes en las próximas elecciones?
>
> Sí
>
> No
>
> Mercado 2. ¿Qué partido controlará la Cámara tras las próximas elecciones?
>
> Republicanos
>
> Demócratas

---

* Mientras escribía este libro, la CFTC decidió inhabilitar a PredictIt para el futuro inmediato. La organización apeló la decisión y el proceso sigue su curso en los tribunales.

Dado que Estados Unidos es en efecto un sistema bipartidista, son dos formas de preguntar lo mismo. Si tuvieras mucha confianza en cualquiera de los resultados (sí/no) del primer mercado, podrías apostar hasta 850 dólares en esa pregunta. Luego, podrías apostar otros 850 dólares en la segunda (republicanos/demócratas), doblando tu apuesta. En cambio, si solo tuvieras un poco de confianza, podrías apostar el total de los 850 dólares a ese resultado en un mercado y cubrir tu apuesta colocando 400 dólares al resultado opuesto en otro.

Cuando empecé a experimentar con diversas estrategias, me quedó claro que las barandillas de seguridad incorporadas podían anularse con algo de planificación estratégica. Sin embargo, no tardaron en aparecer los malos hábitos. Me acerqué a las apuestas políticas como el típico corredor de bolsa: de forma compulsiva y mal. Me apegué emocionalmente a mis apuestas y asigné demasiado significado a las victorias y a las derrotas. Cuando mi apuesta daba resultado, era un genio. Pronto escribiría para *Foreign Affairs* y aparecería en *C-Span*. Cuando perdía, que era lo más frecuente, me sentía fatal. «¿Cómo es que no vi venir ese cambio de comité?», me preguntaba.

En última instancia, decidí que, si quería aprender a ser mejor apostante, tendría que buscar a los expertos.

Riesgo negativo (cuando realmente no puedes perder)

Si te tomas en serio lo de ganar dinero de verdad a través de los mercados de predicción, te ayudará aprender a leer los datos brutos de las encuestas y repasar tus conocimientos sobre la teoría de la probabilidad. Pero a mí me interesaba más conocer un concepto conocido como riesgo negativo. Al principio me pareció alucinante, así que me tomé un tiempo para entenderlo.

En primer lugar, una advertencia: si buscas en Google la frase «riesgo negativo», la mayoría de los resultados se referirán a actividades como mantener relaciones sexuales sin protección, tomar drogas de origen desconocido y conducir con alguien que ha bebido.

Son temas muy diferentes.

En el mundo de los mercados de pronósticos, el riesgo negativo se refiere a las apuestas que son imposibles de perder, debido a cómo se liquida un mercado concreto. Apostar en situaciones de riesgo negativo es, en realidad, lo contrario de arriesgado: tu valor esperado (VE) es positivo, por lo que solo pierdes si no aceptas la apuesta.

Esta notable situación suele darse en mercados que ofrecen más de dos resultados posibles, como cuando muchas personas se presentan a las elecciones presidenciales. Estos se conocen como mercados de contratos múltiples, y los apostadores más astutos pueden hacer apuestas en muchos escenarios diferentes.

Un ejemplo habitual es algo como: «¿Quién será el candidato republicano en 2024?».

Las elecciones primarias pueden estar abarrotadas, y atraer a una docena o más de candidatos viables. Además del nivel superior de tres o cuatro, un segundo nivel de candidatos menos probables completa las filas.

Cada candidato es su propio mercado sí/no, lo que significa que puedes hacer apuestas individuales contra todos los candidatos que creas que tienen pocas probabilidades de avanzar. Al fin y al cabo, en unas elecciones primarias solo puede haber un ganador y muchos perdedores.

He aquí un mercado hipotético:

¿Quién será el candidato republicano en 2024?

- El gobernador del Estado del Sol
- El exvicepresidente
- Una estrella de un *reality show* de la televisión
- Un senador de Texas
- Un diputado del que nadie ha oído hablar
- El tipo de la tienda de sándwiches

(El mercado real podría tener una docena o más de candidatos adicionales, pero nos detendremos aquí).

Los mercados suelen estar compuestos por resultados que suman el 100 %. En otras palabras, en un mercado simple de sí/no en el que las probabilidades del resultado «sí» se predijeran en un 60 %, las probabilidades del resultado «no» serían del 40 %.*

En una situación de riesgo negativo, sin embargo, los posibles resultados suman más del 100 %. Esto ocurre porque puedes apostar sí o no a varios candidatos. En estas situaciones, pueden darse oportunidades de arbitraje.

Si aún te resulta confuso, recuerda esto: el riesgo negativo describe un escenario en el que, haciendo múltiples apuestas, puedes ganar dinero independientemente del ganador. Si apuestas contra todos los candidatos de una larga lista, te equivocarás con uno de ellos, pero tus ganancias por acertar con todos los demás superarán tu única gran pérdida.

No es solo política: entra a Polymarket & Friends

Después de experimentar con PredictIt durante unas semanas, me sumergí en otra plataforma llamada Polymarket. Esta plataforma permite apostar en todo tipo de mercados, no solo en acontecimientos políticos. Entre otras cosas, podías votar si Britney Spears sería liberada de la tutela de su padre, el número de personas que pasarían por el control de seguridad de un aeropuerto en un día determinado, si el próximo álbum de Kanye West se escucharía más de cien millones de veces en *streaming* en su primera semana, y si un huracán tocaría tierra en los cuarenta y ocho estados contiguos de Estados Unidos en el próximo mes.

Solo por diversión, voté para que Britney Spears fuera liberada de su tutela y gané casi 200 dólares. ¡Liberen a Britney!** Luego voté

---

* En lugar de porcentajes, muchos sitios de apuestas utilizan una escala de apuestas de 0 a 1 dólar. Por ejemplo, podrías comprar acciones por el «sí» a 60 centavos o vender acciones por el «no» a 40 centavos. Para saber más sobre el riesgo negativo (es un poco complicado), consulta las guías gratuitas de PredictingPolitics.com.

** Admito que solo después me pregunté si esto era una forma de explotación. Britney no pierde nada con esta práctica, pero tampoco se beneficia de ella, lo que me sobre el número de personas que pasan diariamente por las colas de seguridad de la Administración de Seguridad en el Transporte (TSA), pues como vuelo mucho, razoné que soy un experto, y perdí rápidamente 100 dólares.

Si piensas que esto se parece mucho a los juegos de azar, estarías en lo correcto... al menos en algún modo. En cierto sentido, es una forma de juego, y por eso los reguladores están intentando cerrar algunos de estos sitios.

Pero los mercados de predicciones sirven al menos para un propósito importante que no tienen los típicos sitios de apuestas deportivas. Utilizando los datos de predicción agregados en estos mercados, los expertos pueden hacer sus propias predicciones sobre cualquier cosa, de la trayectoria de la economía a las inminentes alteraciones del orden político existente, o dónde podría caer la próxima gran tormenta de nieve. En otras palabras, pueden utilizarse con fines legítimos de investigación —tan legítimos, de hecho, que la Harvard Business School incluso ofrece un curso sobre «Previsiones mediante mercados de predicción».

Y en algunos casos estos datos agregados son mejores para predecir acontecimientos futuros que los expertos, las encuestas o la cobertura de los medios de comunicación. Esto se debe a que, como explica la teoría de la «sabiduría de las masas», cuando se combinan las predicciones de un grupo grande y diverso de no expertos, a veces pueden ser más precisas que los informes de profesionales formados.

Los mercados de apuestas también son una forma de que los pronosticadores miren más allá de las apuestas y la «indignación de Twitter». Al fin y al cabo, que todo el mundo esté enfadado por algo no significa que vaya a cambiar. Cuando pides a la gente que apueste por sus creencias, de repente se vuelven más racionales. Por ejemplo, considera cómo estos mercados predijeron mejor que la mayoría de los expertos profesionales durante una temporada de drama político en el Reino Unido.

---

parece injusto. Para estar seguro decidí seguir apostando por los políticos, lo que me parece un juego limpio.

Según cientos de artículos de prensa publicados en la primavera de 2022, el primer ministro Boris Johnson iba a perder su puesto. En los meses anteriores había cometido una serie de errores garrafales, entre los que destacaba la promulgación de estrictas leyes COVID para la nación, que luego él mismo ignoró a su conveniencia.

Fue un escándalo muy británico, que puso en tela de juicio la noción de imparcialidad y puso de relieve la hipocresía de un dirigente que decía una cosa mientras hacía otra.

Durante semanas fue la noticia principal en los medios de comunicación del Reino Unido. Incluso los tabloides conservadores que habían apoyado a Johnson en las elecciones se sumaron. Sabían cómo aprovechar el sentimiento del público, y ese sentimiento era la indignación.

Muchos de los artículos intentaron predecir el momento de la caída de Johnson. El consenso parecía ser que sería expulsado; la única duda real era si sobreviviría días o semanas.

Curioso, comprobé los mercados de apuestas en PredictIt y otros sitios. Por un margen de 9 a 1, ¡se predecía que Johnson aguantaría! Casi todos los profesionales y políticos serios creían que capearía el temporal. Hummm... ¿qué sabían ellos?

Sorprendentemente —o no, según la opinión de cada cual—, Johnson se aferró al poder, al menos durante varios meses más en primavera y verano. En este caso, el público fue más listo que los más informados, la mayoría de los cuales pensaban que todo el asunto conduciría a su rápida caída.

Apposté 100 dólares a que Johnson se quedaba (al menos de momento), y gané. Pero, por supuesto, no se trataba de una apuesta genial: los mercados ya estaban tasados para reflejar el hecho de que es difícil derrocar a un primer ministro, en especial a uno tan astuto como Johnson, que había sobrevivido a varios escándalos con anterioridad.*

* Al final, Johnson fue derrocado y obligado a dimitir, pero eso pasó muchos meses después, y solo en respuesta a nuevos acontecimientos y a un escándalo diferente.

¿Es todo esto realmente legal?

Bueno, sí y no. Polymarket funciona con una estructura casi legal, en parte centralizada y en parte descentralizada. Tras idas y venidas con los reguladores, que argumentaban que las empresas que facilitaban mercados de apuestas no podían establecerse al azar sin la licencia adecuada, Polymarket se vio obligada finalmente a cerrar sus puertas a los inversionistas estadounidenses en 2022. Siguió prestando servicio a cualquier persona fuera de Estados Unidos, así como a cualquier residente dentro del país que utilizara una red privada virtual (VPN) para acceder al sitio.

Justo cuando Polymarket y PredictIt cerraban sus puertas (al menos para los estadounidenses), otro proyecto llamado Kalshi solicitaba a los legisladores estadounidenses permiso para abrir legalmente para todo el mundo. Al igual que Polymarket, Kalshi también espera ofrecer operaciones en una amplia gama de mercados. Puedes apostar en las grandes elecciones, claro, pero también puedes apostar sobre a cuánta gente le «gustará» el próximo tuit de Elon Musk, el precio futuro de la gasolina o cuál será el próximo virus que provoque una pandemia.

Es difícil predecir qué plataformas que ofrecen mercados de pronósticos acabarán manteniéndose y obteniendo la aprobación para operar con libertad. Pero si hay una apuesta segura, es que veremos aparecer cada vez más mercados de apuestas de este tipo en los próximos años. Cuando cierre un parqué virtual, busca otro.

Dentro de poco podrás descargar aplicaciones que te facilitarán la incorporación. Las transferencias de dinero serán fluidas, y no faltarán mercados que tener en cuenta. En resumen: si ahora no es posible apostar dinero real en un mercado no tradicional, lo será muy pronto.

Cómo no perder todo tu dinero

Predecir la política era divertido. Cuanto más jugaba en los distintos sitios, más disfrutaba del ambiente libre y no regulado en el que existían.

Por desgracia, aquí es donde cometí un error en verdad colosal, que me recordó que la ausencia de una autoridad central que supervise estas plataformas también tiene un coste.

Después de establecerme en una de estas plataformas de apuestas, fui a transferir varios miles de dólares a mi monedero digital. Pensé que sería bastante sencillo, ya lo había hecho antes y había guardado un identificador de monedero único en mi libreta de direcciones, o eso creía. En realidad, resultó que el identificador que había guardado no era el que debía utilizar para transferir el dinero.

Cuando al cabo de unas horas no aparecieron los fondos, escribí al equipo de asistencia y me sentí aliviado cuando un representante respondió pronto y prometió ayudarme. «Estupendo —pensé—. Aunque haya hecho una estupidez, pueden arreglarlo».

Sin embargo, una hora más tarde, el representante volvió a enviar un correo electrónico con malas noticias. Había enviado mi dinero a una cartera «quemada», a la que no podían acceder.

«¿El dinero ha desaparecido?», pregunté, estupefacto.

«Lo siento —dijo el representante—. Pero sí, es correcto».

Protesté unas cuantas veces más, y cada vez el equipo de asistencia se mostró receptivo y amable. Sin embargo, también me confirmaron que no podían hacer nada.

Si pierdes tu tarjeta de crédito, puedes llamar al banco y te reembolsarán cualquier cargo después de que haya salido de tu posesión. Si pagas de más a una empresa, esta suele estar obligada a reembolsarte el exceso o a aplicarlo a un pago futuro, y si no lo hace, siempre que hayas utilizado una tarjeta de crédito o débito, solo tienes que llamar a tu banco para impugnar el cargo.

No es así como funciona en sitios como Polymarket. Ahí los pagos están descentralizados y se almacenan en la cadena de bloques, lo que significa que las transacciones son estrictamente entre dos partes, sin intermediación de ningún banco ni empresa de tarjetas de crédito. El problema es que lo que ocurre en la cadena de bloques se queda en la cadena de bloques, literalmente. En otras palabras, las transacciones son irreversibles.

Eso es lo curioso de una transacción irreversible: no se puede anular.

Perder tu dinero en el éter en vez de en otra persona es en especial deprimente. Es el equivalente a prender fuego al dinero en efectivo. Cuando lo transfieres a la dirección equivocada no solo nunca podrás recuperarlo, sino que nadie más podrá acceder a él. El dinero simplemente deja de existir, al menos a efectos prácticos. ¡Buenos tiempos!

Que mi pérdida te sirva de lección. Cuando realices transacciones con dinero real en redes descentralizadas, ten cuidado. Envía primero pequeños pagos y luego confirma que se han realizado antes de transferir cantidades mayores.

PREPÁRATE

Prepararse para jugar en estos mercados puede ser más fácil o más difícil dependiendo tanto del tipo de plataforma como de la normativa que regula quién puede acceder a ella.

En las plataformas que están realmente descentralizadas ni siquiera necesitas registrarte, solo tienes que conectar tu monedero digital. En los mercados centralizados y parcialmente centralizados te registrarás y crearás una cuenta como en cualquier otro sitio.

Sin embargo, para los sitios que tienen restricciones geográficas (es decir, que solo están disponibles o son legales en determinadas zonas) puede que tengas que utilizar una VPN para acceder. Ten en cuenta que algunas plataformas están obligadas a utilizar un sistema KYC (abreviatura de «conoce a tu cliente», por sus siglas en inglés) en el que verifican tu identidad antes de apostar. En esas situaciones es más difícil colarse.

Gana dinero por predecir el futuro: guía breve

Un proyecto llamado Polymarket Whales hace un seguimiento de todas las grandes apuestas realizadas en la plataforma y lo publica, para que puedas ver exactamente dónde la gente está ganando o perdiendo grandes cantidades de dinero (aunque estas personas solo se identifican a través de sus direcciones de cartera de blockchain —una larga cadena de números que empiezan por «0x»—, por lo que no sabes quiénes son).

Al examinar las entradas del sitio se descubren muchas pautas interesantes. En un momento dado, por ejemplo, me di cuenta de que alguien había ganado cientos de miles de dólares apostando sobre si Tom Brady seguiría jugando en la NFL un año más. Otra persona tuvo menos suerte y perdió 40.000 dólares apostando por la probabilidad de que Twitter añadiera un botón «editar» a su interfaz. Al principio, estas apuestas parecen completamente aleatorias, pero con el tiempo puedes aprender mucho sobre lo que se necesita para ganar (o al menos para no perder) dinero en los mercados de predicción.

La forma obvia de beneficiarse de los mercados de predicción es hacer predicciones precisas, pero, por supuesto, es más fácil decirlo que hacerlo. Recuerda que muchas otras personas inteligentes están intentando hacer lo mismo. Además, las cuotas de las apuestas favorecen los resultados que espera la mayoría de la gente, lo que significa que cuanto más probable sea que ganes una apuesta determinada, menores serán tus ganancias.

Considera un posible mercado para la probabilidad de lluvia mañana. Si todas las previsiones meteorológicas pronostican un 98 % de probabilidad de lluvia, no podrás ganar dinero (al menos no mucho) haciendo una apuesta de 100 dólares a que efectivamente lloverá. ¡Muy poca gente apostaría en tu contra! No solo eso, también tendrías que aceptar probabilidades muy desfavorables, lo que significa que estarías arriesgando mucho para ganar poco. Al fin y al cabo, hay alguna posibilidad de que no llueva. Si no llueve, habrás perdido 100 dólares. E incluso si llueve, solo habrás ganado dos dólares.

Pongamos un ejemplo real. En vísperas de las elecciones de 2020, Joe Biden fue noticia por especular con que podría intentar aumentar el número de jueces de la Suprema Corte.

A raíz de sus declaraciones, aparecieron varios mercados de apuestas para responder a la pregunta: «Si es elegido, ¿Biden llenará la Corte?».

En poco tiempo las probabilidades se hicieron evidentes: casi nadie pensaba que esto fuera a ocurrir en realidad. Después de todo, sería una medida audaz y en gran medida sin precedentes, al menos en la historia reciente de Estados Unidos, y cualquier intento desencadenaría sin duda una batalla política de alto riesgo que una nueva administración no podría permitirse.

Al menos según los mercados de apuestas, no había más de una probabilidad de 1:10 de que la jugada tuviera éxito. La mayoría de las veces las probabilidades eran incluso menores.

Los mercados tenían razón. El discurso de Biden resultó ser meramente político: sus partidarios la utilizaron para aumentar las contribuciones a la campaña y la participación y recaudación de fondos, mientras que sus críticos hicieron lo mismo con sus electores. Al final, ambos bandos volvieron a sus asuntos y se prepararon para la siguiente batalla. Todos los que se arriesgaron apostando por el «sí» acabaron compensando a todos los que apostaron por el otro lado.

Concedido, si en verdad Biden hubiera intentado —y conseguido— añadir uno o dos jueces extra, podrías haber hecho muy bien eligiendo esas grandes probabilidades. A 1:20 (95 % a 5 %), cada 100 dólares apostados producirían un rendimiento de 1.900 dólares, menos las comisiones.

Por tentador que parezca, recuerda que por cada persona que gana dinero con una apuesta, hay muchas más que pierden. Y por muy «segura» que parezca tu predicción, debes tener cuidado. Al fin y al cabo, la creencia de que «no puedes perder» ha llevado a la ruina a innumerables especuladores a lo largo de la historia.

En lugar de apostar en un mercado porque crees que tu predicción es correcta, lo que quieres es encontrar aquel en el que crees que mucha otra gente se equivoca. Es en estos mercados con precios mal valorados, que son el objetivo de los operadores de éxito y de los contadores de cartas de todo el mundo, donde residen las ventajas.

Después de tres meses de apuestas regulares sobre política y otros acontecimientos variados, mi propio historial era mixto. Acerté en algunas cosas, pero también me equivoqué en muchas. Si eres más listo que yo y quieres intentarlo, aquí tienes un punto de partida.

Investiga. Aprende todo lo que puedas sobre el tema en el que quieres invertir dinero. Investiga a fondo y acostúmbrate a revisar fuentes primarias (como los datos de las encuestas) en lugar de confiar en los medios de noticias secundarios. Pasa tiempo en redes como Reddit y Discord. Consulta los mensajes fijados en los foros que responden a preguntas habituales. Los vídeos de YouTube también pueden ser útiles, pero ten cuidado con cualquier consejo que parezca notablemente diferente de lo que oyes en otros sitios. Busca una guía para principiantes sobre el tema, e intenta cuestionar tus suposiciones a medida que avanzas.

Haz preguntas en los foros. La primera vez que escribí en Discord supuse de forma errónea que sería útil hacer una introducción o explicar el contexto de mi pregunta. Pronto aprendí lo contrario: sé breve y específico, y limítate a formular tu pregunta.

- ☑ «¿Alguien sabe cuándo se publicarán las últimas cifras de las encuestas?».
- ☒ «Hola a todos, espero que estén muy bien. Me pregunto si alguien sabe cuándo saldrán las últimas cifras de las encuestas. Estaba pensando que podría ser útil para…».

Practica con apuestas de poca monta. Los mercados de pronósticos pueden ser un buen lugar para practicar porque puedes apostar por 10 dólares o menos. Empieza con 100 dólares y repártelos en tantas apuestas como puedas. Seguro que pierdes muchas al principio, pero es una educación relativamente barata. O, para evitar por completo las pérdidas mientras aprendes, prueba a utilizar una plataforma en la que puedas apostar con algún tipo de dinero ficticio.

Deja a un lado tus opiniones personales (e ignora las opiniones de los demás). La mayoría de las páginas de los mercados de apuestas incluyen una sección de comentarios, que debe tratarse del mismo modo que cualquier sección de comentarios de internet (es decir, se debe de ignorar). Hasta en el entorno relativamente manso de los mercados de pronósticos, el discurso político deja mucho que desear. No te dejes influenciar por opiniones presentadas como hechos, medias verdades o afirmaciones que son por completo erróneas.

Ignorar los enardecidos debates que suelen surgir en los hilos de comentarios también te ayudará a evitar dejarte llevar por tus propias creencias o emociones. Apostar en acontecimientos políticos no consiste en expresar tus preferencias políticas. Se trata de emitir un juicio sobre lo que crees que va a ocurrir en realidad. Al principio me resultaba difícil, pero cuando había dinero real en juego, aprendí a ser apolítico, o al menos a dejar de lado mis opiniones.

Apuesta por las variaciones. Una de las estrategias más sencillas que puedes adoptar es simplemente «subirte a la ola» de los mercados volátiles. Los mercados que tardan mucho en resolverse, como el de unas elecciones presidenciales para las que puede faltar un año o más, tienden a subir y bajar en respuesta a los acontecimientos y las encuestas.

En lugar de intentar predecir el resultado final —lo que inmoviliza tu dinero durante mucho tiempo, aunque aciertes—, intenta hacer muchas apuestas pequeñas sobre acontecimientos o hitos que se produzcan a lo largo del camino. Asegúrate de elegir un punto de salida en el que recogerás beneficios o reducirás tus pérdidas. La cuestión es ser rápido y salir.

No pierdas de vista las comisiones. La mayoría de las plataformas de apuestas cobran comisiones, que debes tener en cuenta en tus ganancias previstas. Como dice el refrán, la casa siempre gana. PredictIt se lleva un 10 % de cada apuesta ganadora, e incluso las plataformas que están por completo descentralizadas tienen algún tipo de estructura de comisiones, porque el mantenimiento del sistema conlleva costes reales.

Aprovecha la irracionalidad de los demás. La mayoría de la gente que apuesta, ya sea sobre acontecimientos políticos o deportivos o sobre la desordenada vida de las estrellas del pop, acaba enganchándose emocionalmente a su resultado preferido.

Ya hablamos antes de que debes evitar este hábito en tus propias apuestas, pero también puedes ganar ventaja simplemente siendo consciente de cómo afecta a los demás. En especial esto es cierto en las grandes contiendas, como las elecciones presidenciales, los acontecimientos deportivos de alto riesgo, como el campeonato de la NFL o la Copa del Mundo, y todo tipo de «cuestiones culturales» que dividen.

Gana dinero con las teorías conspirativas. Hablando de apuestas emocionales, capitalizar los delirios de las masas puede ser una de las estrategias más rentables en las apuestas políticas.

Fíjate en lo que ocurrió justo después de las elecciones presidenciales de 2020, después de que Joe Biden ganó, pero Donald Trump se negó a reconocerlo. A medida que iban llegando más y más pruebas que reforzaban el margen de victoria de Biden, algunos partidarios de Trump simplemente se negaron a aceptar la realidad y siguieron redoblando sus apuestas.

Los apostantes profesionales de PredictIt y Polymarket llamaron a esto «dinero MAGA gratis», lo que significa que estaba disponible de forma gratuita.

Busca «apuestas al 99 %». Se trata de apuestas en las que la mayoría de la gente está de acuerdo en que el mercado en cuestión está decidido, aunque aún no haya sido resuelto (cerrado) por la plataforma. Esto suele ocurrir cuando el resultado de unas elecciones está pendiente de los votos por correo, cuando un candidato abandona antes de que se anuncie formalmente el ganador, o en los últimos segundos de un partido en el que la remontada es casi imposible.

Apostar al 99 % puede seguir siendo arriesgado, porque para beneficiarte de las cuotas por lo general tienes que apostar mucho para ganar poco. Dicho esto, estas apuestas son lo más parecido a una apuesta segura. Haz muchas y las ganancias acabarán sumándose.

* * *

Después de experimentar durante un tiempo, sentí mucho respeto por los profesionales del mercado de predicción. También me di cuenta de que yo nunca sería uno de ellos. En lugar de ser bueno de verdad, sería el tipo de persona que cree que es buena. Podría ganar algunas grandes apuestas aquí y allá, pero esas victorias solo me aportarían una falsa confianza, una cualidad peligrosa para los aspirantes a jugadores.

Como la teoría de la probabilidad no es mi fuerte, también solía equivocarme mucho. Entonces me cuestionaba a mí mismo y perseguía apuestas que no debería solo para «ponerme al día». En resumen, sería exactamente el tipo de persona contra la que los profesionales disfrutan apostando: alguien que se cree mejor de lo que es. Como dice el viejo refrán del póquer, si miras alrededor de la mesa y no ves al tonto, el tonto eres tú.

No quería ser el tonto, así que al final pasé a otras cosas.

4

Duplica tu sueldo

Concepto: El «multiempleo» en dos o más trabajos de tiempo completo no es para los débiles de corazón, pero en las condiciones adecuadas puedes duplicar tus ingresos sin trabajar el doble.

Es temprano por la mañana cuando Jacob H. se conecta a la intranet de la empresa y comienza su jornada laboral. Su empresa está en Connecticut, pero Jacob vive en Colorado, donde tiene dos horas menos que la hora del este. Sin embargo, no le importa la diferencia horaria: se ha acostumbrado a horarios diferentes desde el comienzo de la pandemia, cuando todos los empleados fueron enviados a casa para trabajar de forma remota.

Tras unos cuantos comienzos en falso, en los que se pedía a los trabajadores que regresaran solo para volver a enviarlos a casa tras la aparición de una nueva ola de contagios, la empresa anunció que acudir a la oficina sería opcional para siempre. En tan solo treinta días, Jacob había hecho las maletas y se había trasladado a Boulder, donde pasaba los fines de semana haciendo ciclismo y senderismo.

Pero hoy es un día laboral, así que trabaja obedientemente en una serie de tareas informáticas durante dos horas, momento en el que abre un segundo ordenador portátil y se conecta a la red de otra empresa. Ahí empieza otro día de trabajo, este para una empresa de ingeniería situada en el medio oeste. Durante las aproximadamente ocho horas siguientes alterna entre ambos trabajos, haciendo todo lo posible por evitar la duplicación de reuniones. Se asegura de participar en los canales de comunicación interna de cada empresa a lo largo del día y envía un flujo constante de actualizaciones a cada uno de sus equipos.

El esfuerzo adicional merece la pena. Jacob se lleva a casa dos sueldos, no solo un trabajo y un ingreso adicional, sino dos sueldos de tiempo completo que suman más de 340.000 dólares al año. Y nadie en ninguno de los dos trabajos tiene ni idea de que está doblando el sueldo.

Me lo contó todo cuando hablamos una noche por Zoom (tuvimos que hablar por la noche porque, como adivinaste, tiene las mañanas y las tardes ocupadas). Todo lo que vas a leer es cierto, excepto su nombre, que cambié a petición suya.

Si Jacob trabajara en una oficina física con compañeros, sería algo en verdad difícil, si no imposible, salirse con la suya con esta vida secreta. No solo porque sería más complicado evitar ser detectado, sino porque las horas que ahora dedica a ser hiperproductivo se disolverían en reuniones, interrupciones y todas las distracciones que le impedirían realizar dos series completas de tareas.

Jacob reconoce que tener dos trabajos a veces puede ser su propia fuente de distracción, aunque dice que ayuda que uno de los trabajos sea un poco menos tradicional, con un director general que se ausenta mucho. Además, dice, trabajar a distancia le ahorra tanto tiempo que es capaz de encajar de forma eficaz dos días de trabajo en uno.

Trabajar en dos empleos de tiempo completo en horarios que se traslapan sin que ninguno de los dos empleadores se entere del otro puede sonar un poco radical. Pero Jacob no es el único. Ya sea por elección, necesidad o feliz accidente, ahora hay un subconjunto floreciente de profesionales que han encontrado una forma inteligente de hackear el sistema trabajando en varios empleos a la vez.

No se trata de estudiantes universitarios que alternan trabajos de venta al menudeo para ganar dinero para comprar libros y pizza, ni siquiera de empleados principiantes que trabajan en funciones administrativas poco conocidas. Más a menudo, se trata de profesionales con experiencia: programadores, administradores de sistemas, ingenieros, contables y trabajadores cualificados del conocimiento de todo tipo. Muchos de ellos cobran salarios de seis cifras a cada empleador.

Algunos lo hacen como acto de protesta («todo empleo es un robo de tiempo», como dijo otra persona con la que hablé). Muchos otros lo hacen por el dinero. Y algunos tan solo lo hacen por la estimulación constante que les proporciona. «Es como un videojuego —dijo Jacob—, solo que con apuestas más altas».

Puede ser estresante y exigente, y no es para todo el mundo. Pero algunas personas funcionan bien bajo este tipo de presión. Además, tiene una recompensa evidente: ganar el doble de dinero que antes.

Multitrabajo: trabaja (en varios empleos) desde cualquier lugar

Es difícil encontrar estimaciones precisas de lo común que se ha vuelto esta práctica —las personas que cobran por varios trabajos a la vez, como es comprensible, protegen su secreto—, pero es más común de lo que crees, y no es difícil ver por qué.

El auge del multitrabajo puede explicarse en tres palabras: trabajo a distancia. La pandemia generalizó la práctica del trabajo desde cualquier lugar, lo que obligó de pronto a las empresas que antes se negaban a permitir que los empleados trabajaran de forma independiente a actualizar sus políticas. En algunos casos resultó que el trabajo a distancia era preferible para estas empresas. El cambio les permitió ahorrar en alquileres y servicios públicos, e incluso dio lugar a una mayor productividad.

Una vez abierta esa puerta, era difícil cerrarla. En muchas empresas el trabajo a distancia se convirtió muy pronto en la norma, no en una ventaja concedida a un pequeño número de empleados de alto rendimiento. Aunque algunas acabaron volviendo a las políticas que exigían la asistencia a la oficina, muchas otras permiten ahora que la mayoría de sus empleados trabajen desde casa al menos dos o tres días a la semana, y algunas permiten el trabajo a distancia absoluto.

«Pero ¿no está engañando a sus jefes...?»

Si eres ejecutivo o directivo, puede que leas esto con alarma. Puede que incluso te preguntes si es legal trabajar en secreto en dos empleos a la vez.

Aunque no tengas un cargo directivo, puede que pienses: «¡Estas personas están engañando a sus jefes! Con su atención tan dividida, ¡seguro que no pueden estar haciendo un buen trabajo!».

Es decir, ¿tal vez? Pero hasta que los contratos de trabajo no empiecen a establecer de forma explícita que los trabajadores no pueden estar empleados de manera simultánea en otro lugar, es difícil saber con exactitud qué infracción se está cometiendo (siempre que no haya algún conflicto de intereses evidente).

Tomemos el caso de alguien como Jacob. Si hace bien sus dos trabajos y sus jefes están satisfechos con su rendimiento —o, digámoslo de una forma menos caritativa, si son demasiado tontos para darse cuenta de sus frecuentes ausencias—, ¿a quién está engañando? Como él se apresura a señalar, muchas otras personas pierden todo el día en el trabajo cuando se supone que deberían estar trabajando. Él tan solo optimiza mejor su tiempo.

Jacob no es ni mucho menos la única persona que tiene varios trabajos a la vez. Isaac P. es el fundador anónimo de Overemployed.com, un sitio web que publica informes laborales y actualizaciones de colaboradores que trabajan en varios empleos. Durante la pandemia estaba en proceso de cambiar de trabajo, pero decidió permanecer en el actual al mismo tiempo. Lo llamó una cobertura contra la incertidumbre. Si el nuevo trabajo no funcionaba, seguiría teniendo el anterior para recurrir a él, y supuso que no duraría mucho.

Para su sorpresa, pudo desempeñar con facilidad funciones sin tener que desentenderse de ninguna responsabilidad ni recortar gastos.

Cuando se produjo un despido masivo en la primera empresa su nombre no estaba en la lista. Al parecer sus jefes habían decidido que era indispensable. ¿Importaba que solo trabajara para ellos la mitad del tiempo?

Empleo «modo difícil»

Muchos juegos tienen una opción de «modo difícil» o «modo experto», que se suele intentar después de que los jugadores hayan terminado el juego en su ajuste de dificultad normal. Encargarse de varios trabajos a tiempo completo es, en efecto, elegir el empleo en modo difícil.

El multitrabajo no es propiamente la multitarea —una actividad imposible—, sino la gestión continua de dos o más entornos de trabajo, proyectos y grupos de compañeros.

Esta modalidad es mucho más fácil para algunos tipos de profesionales que para otros. El multitrabajo ideal es el que requiere que trabajes por tu cuenta y que de vez en cuando asomes la cabeza para informar de tus progresos. Si tienes mucha autonomía y eres responsable de producir entregables en algún tipo de calendario (código, auditorías, informes técnicos), el multiempleo podría ser para ti.

Mejor aún: si tu trabajo consiste en supervisar algo que no requiere mucha supervisión. Los profesionales de TI tienden a estar sobrerrepresentados en este grupo, al menos a juzgar por la información que ellos mismos reportan. Los jefes no siempre saben cuánto —o cuán poco— trabajo manual tienen que hacer las personas de sus equipos, y los informáticos inteligentes pueden aprovechar esta laguna. Además, como vimos en el caso de Jacob, trabajar a distancia hace mucho más fácil hacer malabarismos con dos conjuntos de tareas y responsabilidades.

Por otra parte, si el trabajo que realizas es muy colaborativo, esto puede ser más difícil de conseguir. Los jefes de proyecto, los líderes de grandes equipos y cualquier otra persona de la que se espere que trabaje en estrecha colaboración con sus colegas y que responda a preguntas frecuentes podrían tener dificultades para mantener su coartada.

Para gente como Isaac, fundador de Overemployed, el pluriempleo no es solo un ingreso extra, sino también una estrategia de gestión del riesgo.

Los colaboradores de Overemployed se refieren a su primer trabajo como T1, al segundo como T2, y así sucesivamente. Un comentario típico podría ser: «Pude ser más intrépido con el T3, porque en ese momento no me preocupaba que me despidieran del T1».*

Para estos contribuyentes, tener más de dos empleos significa que pueden permitirse asumir el tipo de riesgos que no se atreverían a correr de otro modo. En el ejemplo más extremo que encontré, un informático afirmaba tener cinco empleos a tiempo completo, todos ellos para empresas de Fortune 500.

¿Cómo es posible algo así? Sencillamente, nunca dejó de hacer entrevistas de trabajo, y aceptó todas las ofertas que recibió. «Si puedo seguir así durante un año», escribió, «ganaré 1,2 millones de dólares».

Este tipo de colchón financiero no solo sirve como red de seguridad, sino que también proporciona influencia en las negociaciones con los empleadores. Cada vez que este informático aceptaba un nuevo puesto, se envalentonaba más y más para pedir salarios más altos. ¿Y por qué no? Evidentemente, sus conocimientos especializados estaban muy solicitados y, con los sueldos que ya le pagaban varias empresas, podía permitirse el lujo de marcharse si no conseguía lo que quería.

Al final realizó un audaz movimiento con su empleador original, diciendo a un directivo que las reuniones eran improductivas para él y solicitando que lo dejaran solo para «centrarse en su trabajo». Esperaba que le denegaran esta audaz petición, pero el jefe accedió. Evidentemente, este especialista había alcanzado un nuevo nivel de dureza laboral.

---

* Un consejo de la comunidad: cuando solicites nuevos empleos, pon atención a expresiones como «Necesitas desempeñar múltiples funciones» o similares. Este tipo de términos son pistas de que el puesto requiere un alto nivel de implicación, lo contrario de lo que necesitas para tu T2 y demás.

Hoja de trucos del pluriempleo: cómo estar en dos sitios a la vez

¿Quién dice que no puedes estar en dos sitios a la vez? Para obtener los mejores resultados, sigue estos consejos:

- Evita las reuniones siempre que sea posible. Rehúye a las invitaciones a reuniones no deseadas o las llamadas telefónicas espontáneas, dejando claro a tus compañeros de trabajo que puedes responder más rápida y eficazmente a otras formas de comunicación más asíncronas.
- Para las reuniones obligadas, evita el vídeo siempre que puedas. Cuando te unes a una reunión a distancia en modo solo audio, puedes hacer otras cosas de forma simultánea y no necesitas mantener los ojos en una sola pantalla.
- Intenta programar bloques de tiempo dedicados a un solo trabajo. Durante estas sesiones, asegúrate de que estás disponible para tus colegas y de que te «ven» con regularidad, ya sea hablando en reuniones a distancia o participando en conversaciones en espacios de trabajo digitales como Microsoft Teams o Slack.
- Si es posible, crea un espacio de trabajo distinto para cada empleo. Algunos multitrabajadores hacen un trabajo desde la oficina de casa y otro desde un escritorio instalado en la sala. Esta separación física, aunque sea pequeña, puede ayudarte a reajustarte mentalmente en la transición de una «jornada laboral» a otra.
- Utiliza siempre un ordenador distinto para cada trabajo. Esto es crucial. No solo te ayudará a mantenerte organizado, sino que también reducirá el riesgo de que te descubran. Si tu empresa te ha proporcionado un ordenador portátil u otro dispositivo para trabajar, ten especial cuidado: muchos de ellos incluyen algún tipo de software de vigilancia.
- No te permitas tener doble agenda. Recuerda que cuando un compañero de la empresa A entre en tu calendario para programar una llamada o una reunión contigo, no podrá ver las horas a las que ya te has comprometido con una llamada o una

reunión para la empresa B (y viceversa). Para evitar una situación de emergencia en la que se espera que estés en dos sitios a la vez, basta con que bloquees esas horas en tu calendario y las marques como «ocupado».

- Si te encuentras en esa situación, asiste a ambas reuniones utilizando dos dispositivos diferentes y alterna entre ellos (¡pero no olvides ponerte en silencio!). Intenta dividir tu atención por igual en caso de que te pidan que hables. Si te sorprenden desprevenido en algún momento, abandona de inmediato la llamada y échale la culpa a la conexión a internet cuando vuelvas a conectarte.
- Como solo estarás la mitad de tiempo que otros empleados (o incluso menos tiempo), asegúrate de estar activo y disponible siempre que puedas. En lugar de enviar montones de correos electrónicos en ráfagas, utiliza la función de envío diferido y prográmalos para que se envíen a intervalos aleatorios a lo largo del día. Si en tu trabajo utilizas un sistema de mensajería interna, mantén la sesión iniciada pero configura tu estado como ocupado, de modo que si alguien te envía un mensaje y no respondes, asuma que estás en una reunión o inmerso en tu trabajo (y puede que lo estés, claro… solo que en otro empleo).
- Descubre qué tareas son en verdad urgentes en cada puesto de trabajo y cuáles pueden esperar. Ten en cuenta que algunas cosas pueden esperar a perpetuidad. Encontrar tareas que ya no necesitas hacer (¡nunca!) es una gran victoria, tanto si te interesan varios trabajos como si solo quieres liberar tiempo en general.
- Mantén tus perfiles en las redes sociales vagos. En especial es importante LinkedIn: una vez que hayas conseguido todos los empleos que puedas, limpia tu perfil para eliminar las referencias a cualquier empleador actual. A menos que recibas aún más ofertas de trabajo (¡!), es posible que también quieras hacer tu perfil privado.
- Por último, decide qué empleo es más importante para ti. Si surgiera algo y tuvieras que elegir uno mañana, ¿cuál sería? En

caso de que un empleador se entere del otro y te obligue a tomar una decisión, ya tendrás tu respuesta.

Volví a hablar con Jacob un par de meses después de nuestra primera entrevista. Todavía no lo habían descubierto y, por cuanto se podía inferir, sus jefes en ambas empresas estaban contentos con él y con su trabajo. Hubo algunos días estresantes en los que se programaron llamadas importantes a la misma hora, y tuvo que elegir a qué jefe evitar. Después se disculpó e hizo un esfuerzo extra para que lo vieran por internet durante un tiempo. No pasó nada.

Sin embargo, había un nuevo reto. Los jefes de proyecto de ambos trabajos habían empezado a insistir con sutileza a los trabajadores a distancia para que utilizaran vídeo en lugar de solo audio en las reuniones; al parecer los jefes habían determinado que los participantes estaban más presentes cuando tenían la cámara encendida. Naturalmente, esto planteaba un problema para alguien que pasaba la mayor parte del tiempo de la reunión haciendo otra cosa a escondidas.

Había cumplido un año entero como empleado dual, y Jacob estaba pensando en jubilarse de uno de sus trabajos. Quería volver a tener citas, y echaba de menos jugar al baloncesto con sus amigos en el gimnasio. Ambas actividades quedaron en pausa durante los primeros días de la pandemia, pero ahora que la vida volvía a la normalidad estaba dispuesto a recuperar parte de su tiempo libre.

Sin embargo, le costó abandonar el hábito de los dos trabajos. Recibir varios ingresos importantes en su cuenta bancaria cada dos semanas era un poderoso incentivo para seguir adelante. Había pagado algunas deudas, se había comprado una camioneta nueva y ya no necesitaba ver los precios cuando iba a restaurantes o al supermercado.

Además, se la estaba pasando bien. «Lo bueno es que en realidad no lo hago por necesidad —dijo—. Lo hago porque deseo maximizar mis ganancias, y también porque me gusta su dificultad».

Para Jacob el reto del multitrabajo era una ventaja, no un defecto. Hablaba de tener una historia para sus nietos algún día, momento en el que presumiblemente tendría dinero para jubilarse con estilo.

5

Jugar a los videojuegos por 800 dólares al día

Concepto: «Jugar para ganar» es una nueva y extraordinaria mezcla de juegos y finanzas. Combina intercambios financieros con juegos en línea, con misiones, personajes coleccionables y elevadísimos porcentajes de interés sobre los depósitos.

Cuando estaba a finales de la adolescencia y principios de los veinte, estaba muy comprometido con los videojuegos. Me pasaba horas cada noche (y, seamos realistas, a veces a mitad del día) perfeccionando mis habilidades en juegos como Halo y Bomberman.

Por desgracia, nunca vino nadie a ofrecerme un sueldo por mi habilidad en los juegos. Era solo un *hobby*. Con el tiempo me interesé más por proyectos empresariales y dejé de jugar durante mucho tiempo.

Años más tarde, cuando ya tenía una carrera como escritor, utilizaba este ejemplo en las charlas que daba sobre la generación de ideas empresariales. «No puedes "seguir tu pasión" hasta el banco —decía—. ¡Si no, me ganaría la vida jugando a los videojuegos!».

Esa frase fue bien recibida en 2010. Pero en los años siguientes ganarse la vida jugando se convirtió en algo real.

Primero llegaron los deportes electrónicos, que ahora son una industria de 2.000 millones de dólares alimentada por jugadores estrella, patrocinios corporativos y retransmisiones mundiales que atraen a cientos de miles de espectadores.

En lo personal, me alegro de que la moda de los e-sports llegara mucho más tarde en mi vida de jugador. Si hubiera ocurrido en los primeros tiempos, estoy bastante seguro de que habría perdido años de mi vida intentando abrirme camino en la gran liga.

Por aquel entonces un adulto de veinte años que aspirara a hacerse rico como jugador profesional tenía más o menos las mismas probabilidades de éxito que un jugador de baloncesto con el sueño de jugar en la NBA: es decir, muy pocas.

Entonces llegó algo que cambió todo eso: los juegos *play-to-earn* (juega para ganar), también llamados GameFi, donde los jugadores pueden ganar dinero real por competir en videojuegos de blockchain.

En este mundo no tienes que ser un jugador de élite, conseguir un contrato patrocinado o entrenar diez horas al día para monetizar tus habilidades de juego. Solo tienes que invertir un poco de dinero, conectarte un par de veces al día para completar unas cuantas tareas virtuales y cobrar, a veces mucho.

¿Qué es jugar para ganar?

Si estás familiarizado con los juegos «jugar para ganar» (P2E, por sus siglas en inglés), puede que hayas oído referirse a ellos como «pagar para ganar», porque por lo regular no hay forma de entrar gratis. Este es un ámbito en el que se aplica sin duda la máxima «Hace falta dinero para ganar dinero».

Para participar, los jugadores suelen comprar algún tipo de moneda del juego para empezar, a veces junto con personajes o avatares. Luego compiten para ganar activos como fichas, insignias, poderes especiales, terrenos virtuales y mucho más. Estas ganancias del juego pueden cobrarse en forma de monedas como bitcoin, o incluso transferirse a una cuenta bancaria tradicional tras una comisión adicional.

El modelo «pagar para ganar» puede no parecer una buena propuesta al principio. Después de todo, ¿no es contraproducente pagar por algo que supuestamente te da dinero? Pero ten en cuenta que millones de personas lo hacen felices cada día por jugar a otros tipos de videojuegos sin ningún beneficio, gastando a menudo miles de dólares en objetos que no tienen ningún valor o utilidad en el mundo de afuera.

Tomemos como ejemplo Fortnite, un típico juego multijugador que ha sido clasificado como el más popular del mundo. Fortnite suele recaudar hasta 500 millones de dólares al mes de los jugadores, pero Epic Games, el creador de Fortnite, no comparte nada de ese dinero con ellos. Si alguna vez has probado Fortnite, Diablo, World of Warcraft, Civilization o Final Fantasy (la lista podría continuar...), imagínate si pudieras mezclar esa experiencia con el incentivo añadido de obtener también un beneficio económico.

Si piensas en el mundo del «pagar para ganar» como un lugar donde los mercados financieros se encuentran con los juegos (de ahí el término «GameFi», aunque ahora se utilizan más los términos «jugar para ganar» y «jugar y ganar»), el modelo empieza a tener mucho más sentido.

Con esos títulos más tradicionales, estás invirtiendo dinero a cambio de las horas de diversión que te proporcionará el juego. En el mundo de jugar para ganar puedes seguir disfrutando de la experiencia, pero también estás invirtiendo dinero que puedes poner a trabajar al servicio de ganar más dinero, igual que harías invirtiendo en bolsa, o en algún activo como oro o bienes raíces.

Además, con invenciones como Fortnite, que existen en un ecosistema aislado controlado por los desarrolladores, los tokens e insignias y otros activos digitales que ganas no tienen valor fuera del jardín amurallado del juego. Pero con la modalidad «jugar para ganar», que funciona sin ninguna autoridad centralizada, los jugadores controlan estos activos digitales, que pueden transferir o intercambiar fuera del juego a su antojo. De este modo, GameFi también representa un nuevo tipo de economía de propiedad, en la que los jugadores pueden acumular capital sobre su inversión a través de los activos del juego.

Claro, la mayoría de las inversiones tradicionales no implican criaturas parecidas a Pokémon que envías a la batalla para generar ganancias, pero piénsalo de esta manera: según estimaciones generales, algo así como el 56 % de los estadounidenses poseen acciones, y solo alrededor del 10-15 % tienen inversiones en monedas digitales como bitcoin. Sin embargo, el 71 % juega a videojuegos de algún tipo. Lo que esto significa es que GameFi tiene potencial para llegar a un grupo mucho mayor de personas, más allá de las que ya invierten.

Que te paguen por jugar a los videojuegos… Es probable que ya te hayas dado cuenta, me enganché.

El multimillonario juego de blockchain dirigido por personajes de dibujos animados

La tendencia GameFi tiene su origen en un único juego, Axie Infinity.* En su punto álgido, Axie tenía algo así como dos millones de personas jugando a la vez. Muchas de ellas vivían en países como Filipinas y Venezuela, donde podían ganar más jugando que con las oportunidades de trabajo disponibles.

Yo no jugué a Axie, pero me pareció genial que tanta gente (sobre todo en los países más pobres) ganara dinero de verdad con él.

Para empezar, un jugador compraba varios «axies», que eran simpáticas criaturas parecidas a Pokémon listas para ser desplegadas en la batalla contra otros jugadores en grupos de tres. Si tu equipo ganaba la batalla, recibías un token, AXS, que tenía valor monetario real y podía retirarse y cambiarse por dólares o cualquier otra moneda.

A medida que el juego despegaba, cada vez más gente invertía en axies y en el token subyacente. El precio de axies explotó, convirtiéndose en una de las mejores inversiones que podrías haber hecho en 2020.

---

* Técnicamente, tanto Axie como muchos otros juegos se inspiraron en un proyecto anterior llamado *Cryptokitties* o Criptogatitos. Por mucho que me encanten los gatos, tendremos que dejar esa historia para otra ocasión.

Una inversión de 100 dólares en los primeros días de Axie valía 17.000 dólares un año después. En comparación, una inversión de 100 dólares en Amazon, que subió un 70 % ese mismo año, habría valido 170 dólares. Está claro que te habría ido mucho mejor si hubieras invertido tu dinero en un videojuego.

Ready Player One (Que empiece el juego)

Axie fue un gran éxito, pero tenía un problema flagrante: la jugabilidad era pésima. Dicho de otro modo, no había una jugabilidad real. No había estrategia que dominar, ni rompecabezas que resolver. Una vez que enviabas a tus axies a la batalla no había mucho que hacer, salvo ver cómo se enfrentaban los personajes de dibujos animados y esperar el resultado. Y como el juego se construyó con un periodo de enfriamiento obligatorio, luego tenías que esperar un poco más antes de poder volver a enviar a tus axies al campo de batalla.

Sin embargo, fue un concepto innovador y pionero que marcó el camino hacia algo mejor.

Percibiendo una oportunidad, otros fabricantes de videojuegos, nuevos y ya existentes, se apresuraron a crear sus propias plataformas de «jugar para ganar». Había mucho en juego: el juego adecuado podía atraer decenas de millones de dólares de inversión en cuestión de días. Incluso uno malo (y hubo muchos) podía ser rentable para los creadores. En menos de seis meses había surgido un abundante surtido de juegos de estrategia, fantasía, coleccionismo de cartas y todo tipo de géneros.

Fue por aquel entonces cuando descubrí DeFi Kingdoms, un juego para jugar y ganar al estilo de los juegos de rol de la vieja escuela. A diferencia de lo que había visto de Axie (al menos al principio; la empresa ha añadido nuevas características desde entonces), DeFi Kingdoms parecía un juego de verdad. Los personajes que adquiría tenían docenas de atributos únicos, todos ellos con montones de estadísticas que controlar y modificar. Cuando subía de nivel podía elegir qué habilidades maximizar.

Volví a jugar durante la pandemia, pero pronto descubrí que mi PlayStation acumulaba polvo mientras yo permanecía pegado a mi ordenador portátil jugando a DeFi Kingdoms durante horas.

Producía una sensación familiar de recompensas de dopamina ligadas a las acciones del juego. Pescaba y buscaba nuevos objetos, exploraba nuevas tierras, subía de nivel a mis personajes, llamados «héroes», lo que a su vez los hacía más poderosos para las batallas.

Solo había una diferencia: tras hacer una inversión inicial y aprender el modo de juego, ganaba cientos de dólares al día por mis esfuerzos.

Así que sí, era genial.

Pronto, DeFi Kingdoms se convirtió en un ecosistema de más de 50.000 héroes, todos guardados en carteras pertenecientes a los jugadores. Podías enviar a tus héroes en misiones, en las que te traerían objetos y subirían de nivel, haciéndose más valiosos. O podías intentar ganar más jewel (la principal moneda del juego) revendiendo objetos o héroes a otros jugadores en el mercado online del juego.

El dinero ganado por los jugadores, en otras palabras, procedía de dos fuentes: en primer lugar, las ganancias en el juego y, en segundo lugar, la presión compradora de otros jugadores que hacía subir el valor de los activos a medida que realizaban transacciones. La mayor ganancia de todas podía encontrarse en los jardines de DeFi Kingdoms, donde podías «apostar» tu jewel junto con otra moneda del juego y ganar intereses por ella cada día.

¿Cuántos intereses? Cuando entré en el juego, la TAE (tasa anual equivalente) era superior al 600 %. Ganabas estos ingresos pasivos depositando dos monedas en cantidades iguales, tanto la jewel nativa como otro token como bitcoin o Ethereum. Los dos tokens formaban un «fondo de liquidez» que ofrecía recompensas diarias en forma de jewel. O, si lo preferías, podías saltarte el proceso de emparejamiento de tokens y simplemente guardar tu jewel en el banco del juego, donde ganaría intereses a un tipo de «solo» alrededor del 250 %.

Si este modelo te suena familiar es porque exactamente igual funcionan los bancos normales. Les prestas dinero, por lo general en forma de depósito, y ganas intereses a cambio. La única diferencia es que los bancos del mundo real ofrecían un interés del 1 %.

Desde luego, me intrigaba. Solo había un detalle: los tipos de interés elevados suelen conllevar grandes riesgos, como aprendí un poco más tarde… por las malas.

«Porque es cripto»

Es curioso: cuatro meses después de su lanzamiento, DeFi Kingdoms tenía más de mil millones de dólares (sí) en depósitos totales, y los creadores del juego eran por completo anónimos. Nadie sabía quién dirigía el juego.

Imagina una startup de mil millones de dólares dirigida por ejecutivos anónimos. La idea es ridícula, ¿verdad? Sin embargo, así es como funcionan muchos proyectos que viven en una plataforma descentralizada (es decir, blockchain), incluidos los juegos de «jugar para ganar».

Como jugador (de hecho, accionista), no tienes ni idea de quiénes son los desarrolladores del juego (los responsables) ni de dónde tienen su sede. La mayoría de los equipos dicen que tienen controles de seguridad, pero tienes que fiarte de su palabra. No hay una línea de atención al cliente a la que llamar, ni un servicio técnico con el que ponerse en contacto, ni un modo de informar sobre errores o fallos. Solo un avatar anónimo que, en el caso de DeFi Kingdoms, se llamaba Frisky Fox. Otros miembros del equipo creativo —desarrolladores, diseñadores, etcétera— se hacían llamar Beetle Dude, Pie Face, Professor Tango y Raspberry Swirl.

¿Por qué estas personas no quieren identificarse y atribuirse el mérito del juego que han creado? «Porque es cripto», es la no-respuesta que me dio la mayoría de la gente cuando planteé esta pregunta. Es cierto que mucha gente del mundo cripto prefiere ser anónima. El anonimato es fundamental para el ethos, y estas monedas se diseñaron para preservarlo desde el principio. Pero como estaba en juego tanto dinero (por no hablar de importantes derechos de fanfarronería), me seguía pareciendo inusual.

EL PLAN «JUGAR PARA GANAR» DEL AUTOR

HORARIO DE TRABAJO MATUTINO

En los primeros días de mi obsesión por DeFi Kingdoms, cuando solo tenía unos pocos héroes con los que jugar, echaba un vistazo al juego durante unos minutos cada mañana, pero no tenía mucho que hacer.

Sin embargo, a medida que mi colección crecía y ampliaba mi estrategia, me encontré dedicando cada vez más tiempo a atender a mi reino virtual. Básicamente, ¡era como tener un negocio que se movía con rapidez!

Con otras empresas que he dirigido, mi lista de «tareas pendientes» matutina incluía elementos como comprobar los informes de ventas, responder a cualquier comunicación urgente y preparar el envío de un producto.

En mi nueva carrera como jugador semiprofesional, una mañana típica empezaba con un tipo de trabajo muy diferente. Mi lista de tareas era más o menos así:

- Recoger a los héroes del turno de noche
- Enviar pescadores y recolectores para que trajeran nuevos objetos
- Enviar equipos mineros a buscar oro
- Subir de nivel a los héroes que hubieran conseguido suficiente XP (puntos de experiencia)
- Reclamar recompensas (intereses) de los jardines y del banco del juego
- Ganancias compuestas y redepósito a jardines
- Lista de héroes a la venta en la taberna (el mercado del juego)
- Comprobar si había nuevas listas de héroes interesantes
- Echar un vistazo al Discord y al subreddit del juego para enterarme de las nuevas funciones o actualizaciones

En resumen, no es fácil cuidar de un reino virtual. Pero no me quejo, porque la mayor parte del tiempo fue una actividad rentable. También fue muy divertido.

Cangrejo rico, cangrejo pobre

Jugar con DeFi Kingdoms pronto me llevó a otro juego de «jugar para ganar». Este giraba en torno a un mundo submarino con facciones de cangrejos ermitaños que luchaban por el control. Se llamaba Crabada, y me interesó porque el retorno de la inversión era sencillo: comprar cangrejos, hacerlos participar en batallas o ponerlos a trabajar en diversas misiones y tareas, y ganar fichas en el juego que podían convertirse en dólares.

Sí, esto significaba que ahora estaba invirtiendo en cangrejos virtuales a precios que empezaban en torno a los 500 dólares y subían hasta los miles. Pero si todas las variables se mantenían constantes, recuperaría mi inversión en dos meses. ¿Qué podía salir mal?

Spoiler: muchas cosas podrían ir mal cuando el mercado del cangrejo se hundiera. Pero volveremos sobre ello más adelante.

La semana que descubrí Crabada, estaba de viaje en Vietnam. Empecé con un par de equipos de cangrejos que trabajaban como mineros. En la práctica, esto significaba que tenía que conectarme unas cuantas veces al día para completar algunas tareas: enviar cangrejos a las minas, recogerlos al volver y defenderse de otros jugadores que intentaban saquear las minas y robarme gran parte de mis beneficios.

Como todo buen proyecto GameFi, Crabada ofrecía múltiples formas de ganar. Podías enviar tus cangrejos a las minas, como hacía yo. También podías alquilar tus cangrejos en una taberna virtual, donde otros jugadores los contratarían como refuerzos para sus misiones: piensa en ellos como los mercenarios del reino de los crustáceos.

O podías convertirte en criador. Para ello había que comprar cangrejos «vírgenes» que nunca se hubieran criado, dejar que se aparearan y esperar cinco días a que eclosionara un huevo de cangrejo virtual. Una vez transcurrido el tiempo, *voilà!* Tendrías un nuevo cangrejo listo para ponerse a trabajar.

Por último, podías unirte a las filas de los saqueadores, lo que era más rentable, pero también requería más tiempo. Los saqueadores podían asaltar a los mineros cada dos horas, mientras que los mineros solo podían ir a trabajar cada cuatro horas. No tenías que trabajar 12 turnos al día como saqueador, pero cuanto más te conectaras, más dinero ganarías. La economía del juego recompensaba a los jugadores que dedicaban tiempo.

Después de adquirir unos cuantos equipos de minería, decidí echar mis redes en aguas más profundas. Fui al mercado en línea y compré un conjunto de cangrejos vírgenes. Durante las semanas siguientes visité obedientemente mi establo de cría, incubé mis cangrejos, los puse a la venta en el mercado y volví a empezar el ciclo con un nuevo lote.

De repente, mi día se estaba volviendo muy ajetreado. Seguía jugando al otro juego, así que ahora tenía que gestionar bandas de héroes medievales y equipos de cangrejos virtuales, al tiempo que me mantenía al día de los nuevos hilos del foro para aumentar mis conocimientos de estrategia. Esto se sumaba a otras responsabilidades menores, como escribir este libro y grabar mi pódcast, por lo que a veces me resultaba difícil compaginarlo todo.

Nuevo objetivo: jugar con el dinero de la casa

¿Todo esto fue rentable? Depende. Llegado a este punto, había ampliado mi operación de pesca de cangrejos a siete equipos, y cada equipo ganaba unos 12 dólares por turno de minería. Los equipos podían empezar un turno cada cuatro horas, así que con la máxima eficiencia eso significaría que ganaría varios cientos de dólares al día.* Pero como el juego ofrecía tantas formas adicionales de complementar mis ingresos mineros, algunos días me conectaba por la mañana y retiraba 800 dólares o más en beneficios de las ganancias del día anterior. Eso me hacía sentir bien.

---

* Y siempre que no durmiera más de cuatro horas seguidas. Cada vez que me perdía una ronda, mis ingresos diarios disminuían. :(

Pero el mercado también era muy volátil. La economía del juego está vinculada a las criptomonedas, lo que significaba que cuando estas perdían valor, también lo hacían mis activos. Y cuando el bitcoin se desplomó, las «altcoins» más pequeñas utilizadas en el juego cayeron aún más. Algunos días vi caer el valor de mis posesiones virtuales de forma desagradable. Por eso me di cuenta de una estrategia muy importante para jugar y ganar: en lugar de conservar tus inversiones a largo plazo, como suele ser una estrategia sensata para los activos tradicionales como las acciones o los bienes raíces, en el mundo de GameFi, debes intentar recuperar tu inversión original (por ejemplo «llegar al retorno de la inversión») tan pronto como te sea posible.

El objetivo real era conseguir «ingresos positivos», es decir, obtener suficientes beneficios para recuperar la inversión original. Después de eso, estaría jugando con el dinero de la casa. Si mis mineros seguían ganando, estupendo: podría tomar esos ingresos y utilizarlos para financiar otros proyectos sin perjudicar mi inversión inicial. Y si bitcoin se hundía y todo lo demás caía con él, al menos mi inversión inicial estaría a salvo.

Resultó que retirar mis ganancias una vez alcanzado este punto requería una gran autodisciplina. Al igual que en el mercado de valores, era difícil abstenerse de poner más dinero en una inversión que estaba funcionando bien. Si ganabas 10.000 dólares un mes, ¿por qué no intentar ganar 20.000 dólares el siguiente? Todo lo que tenías que hacer era doblar la apuesta añadiendo más capital.

Esta línea de pensamiento parece bastante lógica, pero como te dirá cualquier inversionista experto, el peor momento para comprar en un mercado es en la parte alta. Lo más inteligente es establecer límites y no preocuparse por «todo el dinero que no estás ganando», pues es una forma de pensar errónea. Además, como todas las monedas digitales son propensas a grandes oscilaciones de valor, doblar la apuesta aumenta aún más tu exposición al riesgo.

Lección aprendida: cuando el precio suba, resiste la tentación de ir por todas las canicas. En lugar de eso, recoge beneficios.

UN CANGREJO EN LA MANO...

Retirar beneficios con regularidad es un movimiento clave que separa a los profesionales de los aficionados. Aquí tienes algunos consejos:

1) *Establece límites de precio*. Si tu ficha de juego favorita cuesta 4 dólares y su valor sube a 12 dólares, ¿deberías venderla o quedarte con ella con la esperanza de que siga subiendo? Es fácil dejarse llevar por el calor del momento y pensar: «¡Déjalo correr!».

Para evitar tomar este tipo de decisión emocional, decide de antemano en qué momento recuperarás tus beneficios, y oblígate a cumplirlo.

2) *Haz retiros incrementales*. Cuando ganas intereses por una inversión en los mercados financieros regulares, tiene sentido reinvertir esos ingresos para aumentar las ganancias. Pero recuerda que estos juegos operan con divisas mucho más volátiles que la mayoría de las cuentas de ahorro. Así que, en este caso, a menudo es mejor retirar una parte de tus ganancias al menos una vez a la semana hasta que hayas «ganado» tu inversión. Una vez que lo hayas hecho, estarás en condiciones de asumir más riesgos si así lo deseas.
3) *Lleva un registro*. Las leyes fiscales para las criptomonedas son confusas, sobre todo cuando empiezas a utilizar tu propio monedero en lugar de pasar por una bolsa centralizada como Coinbase o Binance. Pero tienes que pagar impuestos sobre estas ganancias, así que lleva algún tipo de registro de las principales compras y retiros. Una vez que empieces a ganar dinero de verdad, pregunta a un asesor fiscal sobre la mejor forma de realizar las distribuciones.
4) *Considéralo tu trabajo (o al menos uno de tus trabajos)*. Si en realidad jugaras para ganarte la vida, tendrías algún tipo de salario regular, lo que significa que recibirías una paga semana tras semana, con independencia de cuánto trabajo produjeras o cuánto

tiempo dedicaras. Pero con el modelo «jugar para ganar» te pareces menos a un asalariado y más a un profesional de las ventas al que se paga todo en comisiones. Aunque la cantidad que ganes con cada venta pueda variar, cuanto más tiempo dediques al trabajo, más ingresos generarás.

En pocas palabras, ¡págate a ti mismo! Si pudiera retroceder en el tiempo hasta el comienzo de mis días de juego por dinero, habría hecho un plan para hacerlo desde el principio.

Jugar y ganar: la próxima frontera

El juego para ganar explotó durante la pandemia, proporcionando una diversión lucrativa a la gente atrapada en casa. Aunque la industria se redujo de forma considerable con el resto de la crisis criptográfica, siguieron lanzándose nuevos juegos.

En algunos casos estos juegos pueden seguir siendo inversiones viables, aunque muy volátiles. Para frenar las críticas, algunos creadores de juegos empezaron a utilizar el término «jugar y ganar», adoptando una ética de «juega primero» en la que el componente de ganar era secundario. Cuando probé un juego de este tipo llamado Mars Colony (que es exactamente lo que parece), me encontré con una pantalla de bienvenida que incluía la advertencia en negritas: «Esto no es un producto financiero».

Curiosamente, este producto no financiero seguía requiriendo dinero real para jugar. ¡Esas estaciones de biocombustible y esos vehículos no son baratos!

Consejos para jugar y ganar

- **Entra en la fase inicial.** Sí, a las personas que se meten al inicio de un nuevo juego les puede ir increíblemente bien, al menos si el juego se convierte en un éxito. Pero tus recompensas seguirán siendo altas, y tu riesgo mucho menor, si entras después de que se haya establecido cierto impulso, pero antes de que el juego despegue del todo. Por eso es buena la fase inicial (también analizaremos el concepto de «fase inicial» en otro capítulo).

Demasiado pronto	Fase inicial	Demasiado tarde
«¡Nunca había oído hablar de algo así!».	«¡Debería meterme en esto antes de que despegue!».	«¡Todo el mundo habla de esto!».

- **Sumérgete a fondo.** Si quieres tomarte en serio lo de jugar para ganar, prepárate para leer mucho en foros como Reddit, Discord y Medium. Hay una habilidad real en juego. Cuanto más entiendas la **mecánica** —es decir, las tareas específicas del juego, las opciones y las elecciones disponibles para los jugadores—, más probabilidades tendrás de detectar las estrategias mejores y más rentables.

Si crees que estos juegos parecen sencillos, piénsalo otra vez. Como el ajedrez o el póquer, los mejores juegos modernos pueden ser fáciles de aprender y jugar, pero requieren docenas de horas para dominarlos. Los de jugar para ganar no son diferentes. Me llevó un mes leer y explorar durante al menos una o dos horas al día antes de dominar DeFi Kingdoms, por ejemplo.

- **Presta atención al impulso.** No todos los juegos de «jugar para ganar» resisten el paso del tiempo, y con cada vez más y más apareciendo en el mercado, es inevitable que un número creciente de ellos fracase. Para protegerte de las pérdidas debes estar siempre atento a las señales de que un juego puede estar perdiendo fuelle.

Si un juego pasa meses y meses sin nuevas actualizaciones, puede significar que sus creadores están a punto de tirar la toalla y pasar a otra cosa. Del mismo modo, una base de usuarios en meseta es una señal segura de preocupación. Controla el número de usuarios activos y fíjate en las tendencias de crecimiento. Los aumentos lentos y constantes suelen ser mejores que una gran afluencia de nuevos jugadores de golpe, aunque los picos de nuevos usuarios también pueden inspirar subidas de precios, ya que más gente se apresura a comprar objetos y personajes.

La mayoría de los juegos «jugar para ganar» tienen fuertes efectos de red, lo que significa que su valor para ti aumenta junto con el número de personas que lo utilizan. Así que, si percibes que el entusiasmo de otros jugadores está decayendo, por ejemplo, no ignores esa sensación. Confía en tu intuición cuando te diga que puede haber llegado el momento de dejarlo.

- **Elige una vía.** La mayoría de los juegos de «jugar para ganar» ofrecen más de una forma de cobrar. ¿Deberías especializarte o hacer un poco de todo? La mejor respuesta: al principio adopta un enfoque amplio y aprende todo lo que puedas sobre todo el juego. Con el tiempo profundiza y centra tus esfuerzos en un par de estrategias preferidas.
- **No olvides la seguridad básica en internet.** Nunca compartas la contraseña de tu monedero ni la frase de recuperación, en especial con alguien que diga pertenecer a un servicio de ayuda. Casi siempre se trata de una estafa. No hagas clic en enlaces aleatorios, sobre todo en aquellos que solicitan aprobación para conectar con tu monedero electrónico.

Ah, y otra cosa que debes tener en cuenta con los juegos de «jugar para ganar»: pueden apoderarse de tu vida. Puede que te levantes en mitad de la noche para enviar a tus héroes a cumplir misiones.

GLOSARIO GAMEFI

Si quieres jugar a los videojuegos con dinero real, hay mucho que aprender, empezando por la jerga. (Nota: algunos de estos términos se aplican a otros proyectos de criptomonedas, no solo a los videojuegos).

Tokenomics. Todos los elementos que determinan el valor de una moneda, incluyendo cómo se distribuyen los tokens existentes, así como cuándo se crearán nuevos tokens. Por lo general, puedes encontrar un libro blanco publicado con los detalles de cualquier token. Si el material te parece denso, lee el análisis del material escrito por expertos. Lo común es que se desglosen las partes más importantes.

Días hasta el retorno de la inversión. Cuánto tiempo se tarda en ser rentable con una estrategia concreta, dada la economía actual del juego.

Acuñación. Una venta de NFT, tokens o algún otro activo limitado que tenga utilidad en el juego o proyecto. Antes de que se acuñe un activo, se suele anunciar el acontecimiento y se promociona con bastante antelación. Los jugadores que participan con antelación tienen la oportunidad de beneficiarse de la revalorización del precio (aunque, por supuesto, el precio también puede bajar si la acuñación no va bien).

Lista blanca. Ciertas formas de acuñación solo están abiertas a participantes que cumplen determinados criterios, como poseer ya un NFT o tener una cantidad mínima de dinero en el juego. Los desarrolladores hacen un seguimiento de estos participantes «en lista blanca», dándoles acceso anticipado o alguna otra ventaja en el proceso de compra.

Airdrop. Una recompensa que se entrega a los participantes que cumplen determinadas condiciones. Pueden anunciarse con antelación o entregarse por sorpresa. Cuando recibes un airdrop, normalmente tienes que «reclamarlo» para añadirlo a tu monedero.

Plan de becas. Tal como suena, algunos juegos tienen un programa que permite participar a los jugadores con fondos limitados. No es exactamente dinero gratis; en esencia, los jugadores becados están alquilando personajes a jugadores que han invertido cantidades mayores. Sin embargo, si se diseña de forma adecuada, puede ser beneficioso para ambos grupos.

Qué salió mal

No todo el mundo piensa que jugar para ganar sea increíble. Algunos piensan que es malo para el juego, malo para las finanzas y malo para la salud mental.

Las barreras de entrada son reales: para participar en la mayoría de los juegos de jugar para ganar, lo mínimo es una inversión de varios cientos de dólares. Competir de forma activa cuesta mucho más. Y aunque mucha gente recupera esa inversión, ninguna racha ganadora dura para siempre, al menos no sin encontrarse con algunos baches en el camino.

Empezando por la plataforma original de «jugar para ganar», Axie Infinity, casi todos los juegos se han topado con el mismo problema: el modelo se resiste cuando el número de nuevos jugadores no consigue seguir el ritmo del crecimiento inflacionista de los activos del juego. Y aunque durante un tiempo pareció que el precio de los axies siempre subiría, al final la tendencia se invirtió. Invertir en Axie se parecía más a una acción meme: una idea de alto riesgo con una recompensa incierta.

A los jugadores les encanta que la función de reproducción de la mayoría de estos juegos les permite construir un gran cúmulo de personajes para ganar o revender. El problema es que a medida que se introducen más y más personajes en el juego, la oferta termina por superar a la demanda, y el precio se dispara. Es difícil evitar esta «economía desbocada», ya que los jugadores están incentivados a producir más personajes, y porque la economía del juego depende de las tasas de reproducción y venta. Todo lo que puedes hacer para protegerte es estar atento a las señales de que la caída libre es inminente y salir —tan rápido como puedas— antes de que se produzcan demasiados daños.

En su punto álgido, el token AXS de Axie cotizaba a 164 dólares. Un año después rondaba los 38 dólares. Tres meses después se desplomó hasta los 12 dólares.

Ya mencioné con anterioridad que, cuando empecé a jugar, DeFi Kingdoms tenía 50.000 personajes. En cuestión de meses las filas habían aumentado a más de 100.000. Sencillamente, no había suficientes jugadores nuevos para dar cabida al aumento de la oferta, así que los precios bajaron. Aún era posible ganar dinero con el juego, pero no tanto.

Otros dos fenómenos aceleraron el declive de ambos juegos, y de muchos otros similares: la espiral de la muerte y el dragón dormido. Una espiral de la muerte es más o menos lo que parece. Cuando el precio de un activo se desploma, no suele recuperarse. Como nadie quiere invertir en un activo con una trayectoria descendente, es más probable que siga bajando a que revierta la dirección.

Si la reproducción inflacionista lleva a una espiral de muerte, la espiral de muerte conduce a lo que se conoce como el dragón dormido. Cuando el precio cae de forma rápida, muchos jugadores entran en pánico y venden, pero otros aguantan. A partir de cierto punto piensan: «Bueno, si vendo ahora tendré una gran pérdida, así que esperaré a que el precio se recupere».

Esto es bastante lógico, pero el problema es que si un gran número de jugadores se aferran a estos activos, ya sea en forma de personajes, tokens o ambos, el precio empezará a subir un poco. Es entonces cuando el dragón dormido despierta, los jugadores cobran y se produce otra liquidación.

Este patrón se describe a veces como *ponzinomics*, para referirse al hecho de que los nuevos jugadores acaban comprando estos activos, lo que proporciona liquidez para la salida de los jugadores que cobran en efectivo con un beneficio mientras todavía pueden.

Es muy muy difícil superar este patrón una vez que se instala.

Los foros de jugadores de Axie están repletos de mensajes de gente que abandona el juego, al no haber encontrado su fortuna. Una queja común es que «no es divertido hacer clic una y otra vez por unos centavos». Otra es que estos juegos son injustos o incluso están amañados.

Como jugador de larga trayectoria, entendía estos argumentos. Al mismo tiempo pensaba que no entendían nada. La verdad es que, al igual que muchos videojuegos de la vieja escuela, los juegos de blockchain como DeFi Kingdoms ofrecían una complejidad que recompensaba a los jugadores astutos. Si estudiabas y respondías con rapidez a los cambios en la mecánica del juego, avanzabas. Y para mí, alguien que estaba interesado tanto en los juegos como en el espíritu empresarial, todo el chiste está en el hecho de que puedas ser recompensado económicamente por hacerlo.

Los críticos del modelo tienden a pasar por alto otro hecho importante. Jugar para ganar es más volátil que el mercado bursátil, pero el hecho de que el movimiento de los precios en cualquier dirección conlleve beneficios para algún grupo de accionistas es el mismo.

A diferencia de las acciones u otros activos (incluso las criptomonedas), los activos del juego siguen teniendo alguna utilidad y potencial de ganancia aunque el precio se desplome.

Con el tiempo dejé de ganar cientos de dólares al día en DeFi Kingdoms, pero incluso una vez que el valor del token se desbarrancó, mis héroes aún podían ganar unos 30-50 dólares al día por su minería diaria. No eran tan rentables como antes, pero seguían ganando algo. Podía venderlos y seguir adelante, o podía esperar a ver si la marea cambiaba.

Mientras tanto, cuando el valor de los activos del juego cae, también lo hace la barrera para entrar en el juego. Esto no es bueno para los jugadores que compraron desde el principio, pero es ideal para los nuevos. En lugar de gastarse miles de dólares en un trío de cangrejos virtuales, podrían hacerse con ellos por 100 dólares o menos.

En cuanto a mí, sigo jugando a diario de forma activa a varias partidas de jugar para ganar. Por desgracia, perdí dinero en Crabada, ya que compré en el pico del cangrejo. En DeFi Kingdoms el precio de los tokens se desplomó, pero aun así obtuve beneficios del grupo de 60 héroes que había adquirido.

En general, me fue sorprendentemente bien, sobre todo una vez que reasigné parte de mi tiempo de la pesca y la minería en mi reino medieval a la recogida de huevos en la granja virtual de un nuevo juego llamado Chikn, cuyo lema es: «Todo el mundo sabe que Chikn pone huevo$». Ese esfuerzo produjo un retorno de la inversión del 300 %, y mis gallinas y gallos virtuales siguen prosperando en su granja virtual.

Siempre soñé con que me pagaran por jugar a los videojuegos. Pensé que había perdido mi oportunidad, pero resulta que no nací demasiado pronto después de todo.

6

La revolución se retransmitirá en directo

Concepto: Retransmitir en directo y hacer vídeos a la carta para los fans puede ser un gran negocio que ofrece escala y alcance a los creadores con talento.

Jakey Boehm trabaja en el turno de noche, aunque duerme horas normales.

El australiano se autodenomina «dorminfluencer», y le pagan por retransmitir en directo sus intentos de dormir toda la noche. «Intentos» es una palabra clave, porque todo su modelo de negocio gira en torno a los espectadores que le hacen llegar artículos de regalo virtuales —comprados, por supuesto, con dinero real— que desencadenan todo tipo de interrupciones y que le impiden conciliar el sueño.

¿Quieres ponerle una bocina de aire o una sirena en su habitación? Es muy fácil; solo tienes que enviar un artículo de regalo y oirás tu recompensa en la transmisión en cuestión de segundos.

Envía más regalos virtuales y podrás ver cómo Jakey intenta dormir entre luces de discoteca estroboscópicas, una falsa redada del FBI, un popurrí de pistas tecno reproducidas a todo volumen, un chorro de burbujas de 15 segundos e incluso una piñata inflable que rebota y a la que Boehm ataca de forma dramática al despertar.

Sí, la gente paga por estas cosas. Y sí, Boehm puede canjear los regalos virtuales por dólares reales que se depositan en su cuenta bancaria. TikTok establece el sistema de una forma lúdica que oculta de modo sutil la naturaleza transaccional del intercambio. En lugar de aportar 25 dólares para que la pista tecno siga sonando, tienes que comprar un objeto virtual (por 25 dólares) llamado «Soy muy rico». Este token va a parar a Boehm, que puede cambiarlo por diamantes (otro objeto virtual) y cobrar a partir de ahí. Esto no es algo que haga de vez en cuando si le falta dinero. Lo hace todas las noches, siete días a la semana. Es su trabajo.

Al principio sus ingresos eran esporádicos, pero a medida que aumentaban sus seguidores, Boehm empezó a ganar mil dólares semanales, y luego 5.000 dólares. Cuando hablé con él, había acumulado casi medio millón de seguidores y recientemente había ganado 49.000 dólares en un solo mes.

Si crees que estar toda la noche interrumpiendo el sueño es una forma terrible de ganarse la vida, piensa que si Boehm siguiera ganando a ese ritmo, en un año habría conseguido cerca de 600.000 dólares. Con ese sueldo, la mayoría estaríamos dispuestos a planificar unas cuantas siestas para compensar el déficit de sueño.*

Boehm no es el único dorminfluencer en TikTok, aunque es el único que he encontrado que lo ha llevado a un nivel tan extraño. Otros dorminfluencers están más interesados en, bueno, dormir, y se retransmiten a sí mismos haciéndolo durante toda la noche sin distracciones. Los espectadores pueden contribuir con artículos de regalo, pero no se trata de interrumpir su tranquilo sueño, sino de establecer un modelo de sueño saludable.

Los perfiles mediáticos de Boehm incluyen inevitablemente una cita de un profesional de la salud que advierte sobre los «peligros» de los hábitos nocturnos de Boehm. En fin... ¿A quién le importa? Tiene veintiocho años. Sabe que este trabajo no va a durar siempre.

---

* O puedes hacer que todo sea una actuación. Planea que el turno de noche sea tu verdadero horario de trabajo, aunque lo pases íntegramente en la cama, espantando piñatas y escuchando música tecno que han pagado tus seguidores. Luego, durante el día, duerme en tu dormitorio de verdad, libre de luces de discoteca y serpentinas de burbujas. Es una forma de ganarse la vida.

Cuando termine, tendrá una historia increíble que contar sobre cómo ganó decenas de miles de dólares a la semana dejando que extraños en internet perturbaran su sueño.

Miss Excel, la estrella TikTok de las hojas de cálculo

Cuando sucedió el encierro pandémico en la primavera de 2020, la gente de todo el mundo se encontró de repente con tiempo extra en sus manos. Para mantenerse ocupados, y tal vez distraídos de las sombrías realidades que se desarrollaban a su alrededor, muchos abrazaron nuevos pasatiempos. Algunos horneaban masa madre. Otros tejían bufandas, hacían rompecabezas o adoptaban cachorros.

Pero muchos más se conectaron a TikTok y empezaron a grabar. Para algunos creadores publicar vídeos tontos era solo un pasatiempo divertido. Para otros era una forma poco arriesgada de compartir su pericia, experiencias o conocimientos con quienes pudieran beneficiarse de ello. Y para algunos creadores inteligentes resultó ser un camino inesperado hacia la riqueza y el estrellato.

Una de esas creadoras es Kat Norton, pero la mayoría de la gente la llama Miss Excel. Quizá sea la primera «Influencer de Microsoft Office», por extraño que parezca. Casi todos los días publica un nuevo vídeo con un consejo sobre el uso de Excel u otras aplicaciones de hojas de cálculo.

Estos vídeos obtienen un promedio de 50.000 visitas, pero los que se hacen virales reciben ocho veces más. ¿Quién iba a decir que las hojas de cálculo podían ser tan interesantes?

Algunos temas de vídeo recientes:

- ¿La cuadrícula entorpece tu estilo?
- ¡Deja de usar tablas dinámicas!
- Estos datos están desordenados, caramba.
- La magia de Excel con las teclas ALT.
- El truco secreto del móvil que te cambiará la vida.

En muchos de sus vídeos cortos Norton ni siquiera habla. En su lugar, baila en los dos tercios inferiores del encuadre mientras las puntas de las hojas de cálculo entran y salen flotando por encima de ella. Eso es todo. En un vídeo aparece Norton haciendo el «Spreadsheet Shuffle» (barajar hojas de cálculo), un baile creado por ella. En otro baila debajo de un tutorial sobre cómo separar texto en columnas.

Detrás de los bailes de Miss Excel hay un sofisticado modelo de negocio. En algunos vídeos invita a los espectadores a unirse a una formación gratuita, siguiendo el formato probado y comprobado de la venta a través de seminarios web: dar a la gente información útil, responder a sus preguntas y, a continuación, ofrecerles una versión de pago. Es difícil ver dónde está el límite entre el entretenimiento, la educación y las ventas, que es exactamente de lo que se trata.

Hace tiempo escribí sobre un tipo de la India que se hacía llamar «Señor hoja de cálculo». Cuando lo entrevisté, había creado un exitoso negocio de estilo de vida y ganaba algo más de 100.000 dólares al año, un superingreso, en especial en la India —publicando en blogs sus consejos sobre Excel y vendiendo plantillas que ayudarían a los usuarios a ahorrar tiempo en el trabajo (sin baile de por medio).

Sin embargo, una década después Miss Excel atraía a un público exponencialmente mayor y batía todos los récords de ingresos anteriores en mi categoría inventada de «influencers de la hoja de cálculo». Mientras trabajaba en este libro, Miss Excel compartió un post anunciando su primer día de 100.000 dólares.

¡En serio! En un solo día había vendido seis cifras en cursos online, que suelen tener un margen de beneficios superior al 90%. Gracias a TikTok, su proyecto funcionaba a una escala de compromiso por completo distinta que no era posible hasta hace poco.

Comparado con YouTube, que también acoge a muchos creadores y presentadores en directo, TikTok es el paraíso de los aficionados. Históricamente, YouTube ha recompensado a los creadores que se toman el tiempo de hacer vídeos detallados y más producidos.

TikTok es diferente. Por un lado, los vídeos cortos como los que crea Miss Excel no requieren mucho tiempo de producción; de hecho, muchos de los vídeos de más éxito en TikTok están infraproducidos de forma deliberada. Mientras que YouTube premia la calidad y la cantidad, TikTok premia la excentricidad, la espontaneidad y la autenticidad.

Al conseguir la atención de tantos seguidores, Kat Norton había logrado algo notable: convertir las hojas de cálculo Excel en un meme.

El Abogado Ganzúa

Si TikTok es una tierra de oportunidades para los creadores aficionados, YouTube es donde debes ir si tienes una habilidad única que quieres monetizar. En Damasco, Maryland, un youtuber conocido solo como «Abogado Ganzúa» dirige uno de los canales más interesantes e inusuales que he visto nunca. Este canal consiste de forma exclusiva en vídeos cortos en los que abre todo tipo de cerraduras imaginables y analiza los puntos fuertes y débiles de diversos dispositivos de seguridad.

Así es: todo lo que hace es forzar cerraduras, una y otra vez. También habla con una cadencia monótona que es básicamente lo contrario de un presentador dinámico.* En los vídeos nunca se le ve la cara; todo el encuadre lo ocupan sus manos y varias herramientas para abrir cerraduras.

Va en contra de la sabiduría convencional sobre la creación de contenidos (ser optimista, carismático y mirar directamente a la cámara) y, sin embargo, funciona. Más de cuatro millones de personas están suscritas al canal del Abogado Ganzúa. A veces los espectadores envían desafíos en forma de cerraduras supuestamente imposibles de forzar, cerraduras internacionales, «cerraduras inteligentes» con teclado y botellas de whisky caro que requieren resolver un enigma para abrirlas. El Abogado Ganzúa las abre todas, y rápido.

Ahora trabaja como consultor para el sector de la seguridad y vende sus propias herramientas de apertura de cerraduras a espectadores ansiosos por replicar sus experimentos.

---

* Digamos que, independiente de sus vídeos, el audio funcionaría como meditación para dormir.

No me apasiona el mundo de la cerrajería, pero mientras escribía esta breve sección entré en su canal y terminé viendo durante media hora cómo revela las carencias de muchos de los principales modelos de candados para bicicletas. Una vez que entras a su canal, es difícil desengancharte.

El desertor universitario que regala millones

Pregunta a cualquiera que vea YouTube, sobre todo a cualquier hombre menor de treinta años, y seguro que conoce a Jimmy Donaldson, que se hace llamar Mr. Beast. Si la historia de este tipo se escribiera en una novela, un editor la cortaría por ser del todo inverosímil. Pero no es un personaje de ficción, es un universitario de veinticinco años que abandonó los estudios y vive en Greenville, Carolina del Norte.

Donaldson empezó con lo que parece el truco de vídeo más aburrido imaginable: contó hasta 100.000 ante la cámara. Le llevó cuarenta horas y luego lo condensó en un mero vídeo de veinticuatro horas para YouTube. A partir de ahí convirtió este extraño tema en una serie. Pasó por el mismo autoservicio mil veces seguidas. Leyó todas las palabras del diccionario en voz alta. Intentó hacer girar un *spinner* sin parar durante un día entero.

Su dedicación a tareas absurdas que requerían una resistencia sobrehumana contribuyó en gran medida al crecimiento de su fama. A medida que sus vídeos seguían acumulando visitas, empezó a conseguir lucrativos patrocinios de marcas.

Y a medida que su riqueza crecía junto con la fama, Donaldson vio la oportunidad de hacer trucos aún más salvajes, y más caros. Se acercaba a desconocidos y les entregaba 10.000 dólares en efectivo. Dio miles de dólares de propina a meseras y conductores de Uber. Vendió su mansión por un dólar. Una y otra vez, parecía no dudar en regalar grandes cantidades de dinero. Tal vez le ayudó el hecho de que lo recuperaba rápido gracias a la publicidad y a la venta de productos de la marca Mr. Beast.

Estos grandiosos actos de benevolencia aumentaron aún más su fama. En el momento de escribir estas líneas, Donaldson tiene más de 100 millones de seguidores, suficientes para situarlo entre los diez creadores más seguidos de la plataforma. El imperio de la Bestia emplea ahora a más de sesenta personas, y en mayo de 2022 Donaldson apareció en la portada de *Rolling Stone* (naturalmente, en la foto aparecía tendido en un mar de dinero).

Según la estimación más reciente de sus ingresos, gana al menos 3 millones de dólares al mes con anuncios y colaboraciones. «Una vez que sabes cómo hacer que un vídeo se convierta en viral, prácticamente puedes ganar dinero ilimitado», dijo en una entrevista con *Bloomberg News*.

Cuando Donaldson consiguió su suscriptor número 100 millones, se compró una isla privada, donde organizó un elaborado reto que exigía a los concursantes encender un fuego con piedras antes de competir en un juego al estilo de «Luz roja, luz verde» del *Juego del calamar*.* Y a pesar de una serie de artículos negativos en los medios de comunicación, su audiencia, y su riqueza, siguieron creciendo. En julio de 2022 sus vídeos habían sido vistos más de 25.000 millones de veces, dando lugar a toda una nueva generación de creadores de YouTube que ganan dinero grabándose a sí mismos regalando dinero.

El *streaming* en vivo puede ser efímero, pero las «tomas en caliente» pueden vivir para siempre

Si estás planeando convertirte en una estrella de los vídeos virales, hay una decisión importante que debes tomar desde el principio: ¿eres más un *streamer* en directo o más un creador de vídeos?

Parte de la respuesta tiene que ver con la plataforma que elijas. Twitch se centra en el *streaming*. YouTube ofrece tanto *streaming* como vídeos a la carta, pero se adapta mejor a lo segundo. Lo mismo ocurre

---

* Con una importante modificación, en lugar de morir, los perdedores del juego Luz roja, luz verde de Mr. Beast se llevaron un premio de consolación de 3.000 dólares.

con TikTok e Instagram: tienen opciones de *streaming*, pero, al menos por ahora, tienden a favorecer los vídeos que permanecen activos para que los espectadores los vean en cualquier momento.

En el mundo de los vídeos a la carta también hay una distinción bastante clara entre los contenidos altamente producidos y las «tomas en caliente», en las que los creadores hablan directamente a la cámara de una manera y en un entorno más informales. Pero aunque puedan parecer por completo improvisadas y espontáneas, en muchos casos detrás de ellas hay un guion y se han practicado de forma meticulosa para que lo parezcan. Editar y producir un buen vídeo es una habilidad fácil de aprender, pero difícil de dominar. Lo ideal es que parezca que se hace sin esfuerzo, aunque en realidad requiera horas de preparación y trabajo para cada minuto ante la cámara.

En cambio, el *livestreaming*, es, como su nombre indica, una transmisión en directo. No hay segundas tomas ni edición: los espectadores están viendo algo real en tiempo real.

El dorminfluencer Jakey Boehm es un auténtico *streamer* en directo. Los vídeos de Miss Excel, en cambio, están disponibles a la carta. Rebecca Rogers, la profesora de estudios sociales mencionada en el segundo capítulo, hace tomas en caliente casi exclusivamente.

Aquí también, estos estilos se superponen, pero la mayoría de los creadores se especializan en uno u otro.

Para muchos creadores los vídeos en sí no son los verdaderos generadores de dinero. «Tuve un vídeo que tuvo 12 millones de visitas y puede que ganara 300 o 400 dólares con él», me dijo Rebecca Rogers.

Pero los creadores exitosos pueden ganar de forma exponencial más de las asociaciones que de los pagos directos que algunos reciben por sus vídeos, igual que los atletas profesionales con patrocinios que eclipsan por mucho sus grandes contratos para practicar un deporte.

Dicho esto, para que te paguen hace falta algo más que llamar la atención. Por eso, además de conseguir seguidores, los creadores de vídeos y *streamers* exitosos también tienen que crear un negocio.

Miss Excel, por ejemplo, empaqueta su material en cursos, y los vende a precios superiores. Jakey Boehm, en cambio, empuja a su audiencia a comprar más artículos de regalo. «No me dejes dormir», dice a los espectadores una voz en *off* generada por inteligencia artificial durante las pausas en sus transmisiones.

En YouTube, el Abogado Ganzúa promociona la venta de su propio conjunto de herramientas y accesorios. En lugar de limitarse a señalar las herramientas que utiliza en cada vídeo, dirá algo como: «Aquí voy a utilizar esta herramienta que puedes comprar en CovertInstruments.com». Estas menciones son lo bastante frecuentes como para que permanezcan en la mente del espectador, pero no tanto como para que empiecen a resultar molestas o a sonar como anuncios.

Sin embargo, una vez establecido el modelo de negocio, los creadores aún deben centrarse en conseguir más espectadores. Al fin y al cabo, cuantas más visitas consigas, más podrás vender (o, en el caso del patrocinio de marcas, más te pagarán por promocionar productos). Hacer vídeos, aumentar la audiencia, cobrar, así es como funciona.

«¡Haz clic y suscríbete ya!» (Algunos consejos para YouTube, TikTok y algo más)

Si en la actualidad les preguntas a los niños qué quieren ser de mayores, es tan probable que elijan influencer como astronauta o médico. En una encuesta reciente entre niños de diez años, influencer, DJ y rapero salieron entre las diez profesiones principales (el jugador de béisbol y el piloto han quedado desplazados).

Pero ¿cuántos de estos chicos podrán realmente ganarse la vida con su celebridad en internet? Es cierto que plataformas como TikTok, Twitch y otras han hecho que sea más fácil que nunca para casi cualquiera hacerse al menos un poco «famoso en internet», pero seguro que hay un límite en alguna parte, y solo hay un número limitado de patrocinios de marcas y dólares de anunciantes para todos.

YouTube está lleno de vídeos sobre cómo hacerse famoso en YouTube, la mayoría de ellos de personas que, al parecer, han descifrado el algoritmo (es decir, sus vídeos son muy recomendados) y afirman conocer el secreto. Pero la mayoría de las veces se trata de consejos genéricos: haz vídeos de alta calidad, conecta con tu público y sigue publicando contenido. Todo eso está muy bien, pero muchos creadores cumplen todos esos requisitos y no consiguen triunfar.

Al igual que la mayoría de los jugadores de baloncesto de la preparatoria no llegarán a la NBA, a la mayoría de los creadores no les pagarán millones de dólares por abrir cerraduras o leer el diccionario en voz alta. Aun así, aunque la mayoría de la gente no va a convertirse en dorminfluencer millonaria, hay sitio para todo tipo de ideas nuevas que todavía no existen. Si quieres mejorar tus probabilidades de que te descubran, estos consejos deberían ser de ayuda.

1) **Sé el primero, más o menos.** Fíjate en creadores populares que te gusten y piensa: «¿Cómo puedo ser similar pero también diferente?». Sea cual sea tu respuesta, no tiene por qué atraer necesariamente al mayor público posible. Como hemos visto, cuanto más raro y más de nicho, mejor; no puedes limitarte a hacer lo mismo que hizo otro y esperar los mismos resultados. Lo mejor es entender por qué su estrategia funcionó tan bien, y luego encontrar tu propio estilo.
2) **Reconoce que algunos temas son más rentables que otros.** A Miss Excel le va genial porque los cursos que ofrece no son solo divertidos; enseñan habilidades que te ayudarán a trabajar mucho más rápido y a ahorrar tiempo cada día. ¡Eso es valioso!

   Mientras estudiaba a los creadores empecé a seguir a uno que utilizaba un modelo similar al de Miss Excel, solo que estos vídeos trataban sobre el cuidado de las plantas de interior. Ese creador también tenía muchos seguidores y vendía cursos todos los días, pero por solo 20 o 40 dólares cada uno en lugar de más de 200 dólares cada uno.

   No me malinterpretes: la gente quiere saber cómo no matar sus plantas de interior, y pagará por ese conocimiento. Pero no lo valoran tanto como algo que está directamente relacionado con el ahorro de tiempo en el trabajo.

3) **Céntrate en proyectar personalidad tanto (o más) que conocimientos.** La personalidad y la calidez son partes importantes, a menudo infravaloradas, de lo que atrae a la gente a tus contenidos y hace que sigan viéndolos. Estas cualidades pueden parecer frustrantemente subjetivas y difíciles de medir. «Solo necesitas las vibras correctas», me dijo un creador, pero sea cual sea el factor x, importa.

Un amigo me envió un enlace a un vídeo de Ryan Trahan, un joven creador que lleva a cabo una serie de experimentos sociales. «Hay algo en él que resulta entrañable», dijo mi amigo. Y lo había, así que seguí viéndolo. Pero no tienes que desempolvar tus dotes de actor ni fingir ser algo que no eres. Con el montón de contenido que hay, una personalidad única y auténtica puede ser el factor que te distinga de otros creadores que hacen cosas igual de geniales y creativas.

4) **Planifica con antelación.** ¿No estás seguro de qué tema tratar en tu próximo vídeo? Haz una lluvia de ideas con antelación y ten siempre una lista a mano.

Recuerda que muchos de los vídeos más populares que encontrarás en estas plataformas pueden parecer casuales e improvisados, pero en realidad han requerido una buena cantidad de planificación y esfuerzo para hacerlo bien. Aunque suene contradictorio, si quieres parecer espontáneo y poco planificado, vale la pena planificarlo con antelación.

5) **Sé constante y sigue un horario.** Los creadores que son constantes no solo atraen a más seguidores. También atraen a seguidores más comprometidos, de los que vuelven una y otra vez. Estos son también los fans que prestan más atención, así que asegúrate de publicar con regularidad, ya sea diaria, quincenal o bajo cualquier otro esquema temporal. Una vez que la gente se acostumbre a tu cadencia regular, te estará esperando. Así que si no te ciñes de forma sistemática a ese horario, corres el riesgo de perder una gran parte de tu audiencia.

6) **Incluye una «llamada a la acción».** Hay una razón por la que tantos creadores de YouTube empiezan sus vídeos diciendo: «Si te gusta este vídeo, dale un pulgar arriba… ¡y asegúrate de suscribirte a mi canal!». Cuantas más acciones realicen los espectadores al ver un vídeo (y cuanto más tiempo lo vean), más recompensará YouTube al creador en el algoritmo. Así que, aunque probablemente te parezca repetitivo, haz tu petición al menos dos veces en cada vídeo, una al principio y otra al final.
7) **Haz tu trabajo, no hables de él.** En algún momento los creadores piensan que es una buena idea «meterse» y empezar a explicar cómo hacen sus vídeos, dirigiendo el mensaje a los seguidores que esperan esas recomendaciones.

   Puede haber algunas excepciones, pero esto suele ser un error. Los mejores creadores se centran en lo que los hizo populares en primer lugar. Algunos seguidores pueden querer los detalles entre bastidores, pero la mayoría no. ¡Haz tu trabajo!

El espectáculo continúa

¿Por qué tantas personas hacen cola para ver a Jakey Boehm intentar dormir durante interrupciones por las que pagan? Aunque parezca aleatorio y absurdo, creo que hay una respuesta real.

Para Boehm y otros, el gran atractivo se reduce a una combinación de tres cualidades: entretenimiento, educación y conexión personal.

Las proporciones de estos componentes varían entre los creadores y son difíciles de cuantificar, pero estoy convencido de que estos elementos son fundamentales. Para hacer de ello un negocio sostenible, también tienes que ofrecer algo de valor, y luego encontrar formas creativas de mantener un flujo constante de contenido fresco y divertido, todo ello sin dejar de ser «de marca».

La última vez que hablé con Rebecca Rogers, una gran productora había adquirido su pódcast. También tenía programado hablar en ocho conferencias educativas en los próximos meses.

Hace poco Miss Excel celebró su segundo aniversario haciendo vídeos. En un clip entre bastidores, compartió la imagen de su antiguo dormitorio, donde empezó. Luego mostró las llaves de la casa de sus sueños, donde vive ahora.

En YouTube, el Abogado Ganzúa no parecía tener problemas para encontrar nuevos tipos de cerraduras que forzar, y cada vídeo que publicaba suscitaba más entusiasmo entre los suscriptores. Y, por supuesto, seguía promocionando su negocio, donde los suscriptores podían comprar más kits para abrir cerraduras.

En cuanto a Jakey Boehm, el «dorminfluencer» australiano, siguió retransmitiendo en directo todas las noches. Había añadido un nuevo espectáculo de láser y un popurrí de sonidos de vaca, todo ello disponible a cambio de regalos virtuales.

Todos esos seguidores necesitaban nuevos contenidos que consumir, y estos creadores estaban encantados de dárselos.

7

Haz clic aquí para pintar una obra maestra

Concepto: Ahora se puede hacer arte original de todo tipo y estilo en cuestión de segundos utilizando herramientas de inteligencia artificial. Mientras tanto, ahora puedes utilizar herramientas similares para escribir eslóganes publicitarios, descripciones de productos, poesía y mucho más. Eres dueño de todo lo que creas, y hay pocas restricciones para venderlo.

La Feria Estatal de Colorado se celebra en la ciudad de Pueblo casi todos los años desde 1872, cuatro años antes de que el propio Colorado se convirtiera en estado. Sus características más populares incluyen conciertos gratuitos, elotes en palitos, una variedad de juegos de carnaval y una serie de competencias, entre ellas algo llamado «Market Hog Showmanship», es decir, espectáculos porcinos. Pero durante unos días de 2022, la gran noticia de la Feria Estatal de Colorado no tuvo nada que ver con animales de granja ni con ruedas de la fortuna. Se trataba de la competición anual de Bellas Artes.

El ganador, Jason Allen, había presentado una obra que tituló *Théâtre D'opéra Spatial.* Era una bella imagen en la que aparecían mujeres vestidas a la usanza renacentista contemplando un orbe de luz futurista.

También era una imagen generada por ordenador, lo que se conoce comúnmente como arte de IA, y Allen la había «pintado» escribiendo una serie de indicaciones en su teclado.

Cuando se anunció el premio y se reveló que Allen había utilizado IA, se produjo un acalorado debate. «Estamos viendo la muerte del arte desarrollarse ante nuestros ojos», escribió un comentarista. Era una opinión que compartían muchos otros artistas.

Pero ¿qué hizo mal Allen? No intentaba hacerlo pasar por lo que no era. Presentó su obra en la categoría de Arte Digital, e incluso la etiquetó «con MidJourney», dando crédito al servicio que utilizó para hacerla. No era una broma. Y, sin embargo, el hecho de que un algoritmo de IA hubiera producido una obra de arte superior (al menos según los jueces) a la de los competidores humanos de Allen era asombroso.

Ya ~~vienen~~ llegaron los robots

El término IA, que por supuesto significa inteligencia artificial, se refiere a la capacidad de los ordenadores de «pensar» como los humanos mediante el proceso de aprendizaje automático. En esencia, los algoritmos de IA aplican cálculos matemáticos complejos para reconocer patrones dentro de grandes conjuntos de datos. Cuantos más datos recibe, más «aprende» a etiquetar, clasificar y categorizar con precisión los nuevos datos. Escribe las indicaciones correctas, y se basará en todos esos patrones para crear algo por completo nuevo y diferente.

Esta tecnología ya está presente en nuestra vida, aunque no siempre nos demos cuenta. La IA utiliza datos sobre patrones de tráfico y entradas de cámaras, sensores y radares para impulsar los vehículos autónomos de Tesla. La IA que impulsa asistentes digitales como Alexa y Siri utiliza datos de voz y búsqueda para responder a tus preguntas y obedecer tus demandas. Un motor de ajedrez de IA puede vencer a los mejores grandes maestros humanos casi siempre, porque ha aprendido el movimiento óptimo en cualquier escenario basándose en datos de miles de millones de partidas de ajedrez.

En otras palabras, la IA cambia las reglas del juego. Y cada día es más sofisticada, fácil de usar y omnipresente.

Arte en menos de diez minutos: cómo funciona

Para entender cómo Jason Allen había conseguido esta impresionante hazaña, me inscribí en Midjourney, la herramienta generadora que había utilizado para ganar el premio de arte en Colorado, y empecé a crear imágenes. Naturalmente, empecé con gatos. Te presento una de mis primeras obras en su estreno mundial:

Dibujo a lápiz de un gato bebiendo un batido, c. 2023. Cortesía del artista

Para crear esta obra maestra, volví a la escuela y seguí ochenta horas de clases de composición. Luego visité un café de gatos en busca de modelos, donde pasé otras ochenta horas intentando que alguno posara el tiempo suficiente para que yo pudiera captar su semejanza. ¡Es broma! Para hacer esta imagen me conecté a Midjourney y escribí esta frase: «Dibujo a lápiz de un gato bebiendo un batido».

Treinta segundos después produjo una imagen muy parecida a la que ves aquí. Le dije que hiciera unas cuantas versiones más hasta que tuviera una que me gustara de forma especial. El proceso se completó en cinco minutos.

Varias herramientas populares (probablemente incluso más para cuando leas estas páginas) permiten ahora a cualquiera crear arte en cualquier estilo imaginable, desde ilustraciones abstractas hasta pinturas fotorrealistas, acuarelas y mucho más, por tan solo 15 dólares al mes. Solo tienes que escribir una serie de palabras en una interfaz y hacer clic en enviar, y segundos después aparecen en pantalla tres o más versiones de la imagen. A partir de ahí puedes hacer variaciones adicionales, o retocar tu solicitud para añadir o quitar objetos o alterar proporciones y colores.

También puedes subir una foto y pedir al generador de IA que la convierta en una ilustración, un avatar o un retrato. Gracias a los «filtros de belleza» habilitados por la IA, puedes incluso pedirle que cree una versión «mejorada» de tu foto original, quizá aclarando el color de tus ojos, suavizando el tono de tu piel, estrechando la línea de tu mandíbula, etc. Una vez satisfecho, puedes decirle al generador que haga versiones de alta resolución de tus favoritas.

El punto clave es que estas herramientas de IA no se limitan a buscar en un montón de bases de datos y devolver la mejor coincidencia que encuentren. Eso es lo que hace Google y, comparado con la IA, es de la vieja escuela. En lugar de eso, la IA escanea su propia biblioteca de datos y construye de forma única cada imagen que solicitas. Todo lo que tienes que hacer es sentarte y dejar que los robots del futuro se hagan cargo.

Descubrir y jugar con una de estas herramientas es como utilizar internet por primera vez. Te sientes abrumado por el poder en bruto de la tecnología. Es emocionante y da más que un poco de miedo.

Como puedes imaginar, muchos artistas odian el hecho de que cualquiera con la capacidad de teclear pueda hacer una cantidad ilimitada de arte generado por IA que es difícil (y a veces imposible) distinguir del de un artista humano. Todo lo cual suscita la inevitable pregunta: «Si está hecho por un ordenador, ¿es realmente arte?».

Dentro del mundo del arte, esa cuestión es objeto de un polémico debate. Pero no es algo que este libro vaya a resolver. Este capítulo trata de cómo puedes utilizar las herramientas de IA a tu favor.

¿A QUIÉN PERTENECE EL ARTE DE LA IA?

Respuesta breve: lo más probable es que tú seas el propietario de lo que creas, pero es complicado. Las empresas que están detrás de algunas de las herramientas de IA más comerciales, como Midjourney, son proactivas a la hora de dejar claro que, por lo que a ellas respecta, los creadores son los propietarios del trabajo que realizan en la plataforma (un cambio agradable respecto a las empresas tecnológicas que utilizan los términos y condiciones para hacer afirmaciones agresivas sobre los datos y la propiedad intelectual, a favor de la empresa).

Sin embargo, durante varios años la Oficina de Derechos de Autor de Estados Unidos (USCO) se negó a reconocer los derechos de autor de las obras generadas por IA, citando una «falta de autoría humana»,* y empresas como Getty Images han advertido a sus colaboradores de que no utilicen arte generado por IA.

Sin embargo, esto no es un asunto resuelto. Muchos expertos creen que la marea cambiará a favor de los creadores en algún momento. Y mientras tanto, siempre puedes retocar una imagen creada con IA utilizando Photoshop u otro software de edición, con lo que podrás reclamar los derechos de autor con mayor solidez.

¿Escribió un humano este libro?

El arte de la IA no se limita tan solo a los medios visuales. También puedes crear música electrónica compuesta por IA, grabar un audiolibro

* https://www.smithsonianmag.com/smart-news/us-copyright-office-rules-ai-art-cant-be-copyrighted-180979808.

narrado por «locutores» de IA, e incluso hacer que la IA componga relatos cortos o poemas al estilo de Emily Dickinson o Edgar Allan Poe.

De hecho, en lo que se refiere a la expresión artística, no hay mucho que la IA no pueda hacer, o al menos muy poco que no será posible en un futuro cercano. Hace unos años, por ejemplo, alguien creó una IA de Eminem y compuso una canción al estilo de «Eminem feminista». Otra persona utilizó la IA para componer una nueva canción de *Hamilton*, que suena muy parecida a las que escribió Lin-Manuel Miranda.

Y, por supuesto, hay toda otra categoría, descrita mejor por la llamada «Regla 34 de Internet», que afirma que «si existe, hay porno de ello». Dejaremos ese tema para otro libro.

Mientras aprendía sobre el arte de la IA, también jugué con una demostración de uno de los generadores de texto, una herramienta de IA que puede utilizarse para generar ensayos, artículos o textos publicitarios, todo ello basado en una breve indicación. Escribí el principio de una frase: «Hoy fui a la tienda», y añadí las palabras clave plátanos y cerveza.

Entonces vi que aparecían las siguientes palabras en la pantalla, como si alguien estuviera tecleando:

> Hoy fui a la tienda a comprar plátanos. Compré un plátano extragrande, lo envolví en una bolsa para sándwiches y volví a casa para comérmelo. La tienda estaba abierta un poco más tarde de lo habitual y, por lo tanto, me pareció mejor opción ir ahí hoy. Entonces empecé a pensar en la cerveza. ¿No estaría bien tomar una deliciosa cerveza para acompañar mi plátano?
>
> Sí, me gustaría. Así que se me ocurrió este plan: voy a tomar el plátano extragrande (que está envuelto en mi propia bolsa para sándwiches) y lo llevaré a casa de mi amigo Otto. Otto tiene un bar cerca de donde vivo. Compraré la cerveza de Otto y me quedaré en el bar de Otto hasta que se acabe el plátano.

Vale, si estás pensando que esto no es material para ganar el Premio Pulitzer, tienes razón. Pero este fue el intento número uno. Si no te sientes a gusto en el bar de Otto, o si te parece raro envolver plátanos en una bolsa para sándwiches, haz clic en un icono y vuelve a intentarlo.

Esta vez usé la misma indicación, pero eliminé las palabras clave. ¿Qué me daría la aplicación si proporcionara menos indicaciones?

> Hoy fui de compras. No sé tú, pero yo nunca puedo hacer una lista de la compra y atenerme a ella. Por eso utilizo el siguiente método: primero elijo tres o cuatro productos que sé que necesito. Si necesito comida para gatos, tomo una de esas bonitas latas redondas.
>
> Luego me pongo una calcomanía en el cerebro para recordármelo. Cuando tengo la compra, lo meto todo en la carretilla. Si necesito papel higiénico o toallitas de papel, cojo dos paquetes a la vez.
>
> Luego saco todos los artículos no perecederos. Después paso a la siguiente y última selección de artículos. Con este método suelo llegar a la caja con exactamente la cantidad de artículos de la lista.
>
> Tengo un pequeño problema con la tienda de comestibles del pueblo, pero estoy intentando superarlo (esa historia es para otro día).

De nuevo, no es perfecto. ¿Una calcomanía en mi cerebro? ¿Una carretilla es una especie de carrito de la compra? Sin mencionar que me dejó en ascuas con el tema de la tienda de comestibles del pueblo.

Aun así, el hecho de que un texto de este tipo pueda escribirse a voluntad a partir de unas pocas ideas iniciales es impresionante. Al igual que ocurre con el arte visual, estos párrafos no se extraen de una base de datos. Se crean en tiempo real. Si vuelves a utilizar la misma instrucción, el resultado será distinto.

Pero aunque es genial experimentar con los programas de escritura de IA, sus capacidades tienen límites. Por ejemplo, no pude conseguir que escribieran este libro por mí (¡aunque lo intenté!). Unas líneas pasables de Shakespeare o un poema que suene exactamente como Emily Dickinson es una cosa, pero crear una obra completa y coherente que se mantenga en el tema durante más de un párrafo o dos es otra muy distinta.

Sin embargo, como alguien que se gana la vida escribiendo, de repente comprendí cómo se sienten los pintores, fotógrafos y otros artistas visuales cuando exploran el arte de la IA. «Esto es increíble —pensé—. Y también aterrador».

Basta de robots, hablemos de ganar dinero

Angus Russell vivía en Sídney, Australia, cuando un amigo hizo un comentario sobre su estética de diseño de interiores. Era, por decirlo con suavidad, escasa. Como Russell no tenía nada en las paredes, su amigo le sugirió que colgara algunas obras de arte.

Al día siguiente Russell se conectó a internet e intentó encontrar algunos cuadros bonitos, pero nada de lo que veía le gustaba. Además, ¡el arte era caro! Empezó a preguntarse si habría alguna forma de pagar menos dinero por arte hecho a medida que le gustara. Fue entonces cuando se le ocurrió: había oído hablar del arte de la inteligencia artificial, que por entonces aún estaba en pañales, y se preguntó si podría utilizarlo para poner sus propias obras de arte en las paredes. Resultó que podía. Luego se preguntó si sería algo que otras personas también querrían hacer.

En noviembre de 2019 Russell lanzó NightCafe Studio a través de un post en Reddit. Con el nombre de un cuadro de Vincent van Gogh, la herramienta Creador de NightCafe del sitio, basada en IA, permite a los usuarios crear fácilmente su propio arte digital y encargarlo al instante en forma de póster.

Desde su creación, NightCafe ha servido para generar más de cinco millones de obras de arte únicas. Ahora tiene cinco empleados de tiempo completo y aporta más de un millón de dólares al año en ingresos recurrentes.

La mayoría de la gente utiliza NightCafe para hacer arte y colgarlo en sus propias paredes. Pero es igual de fácil, y quizá más rentable, hacer arte para que lo compren otras personas. Las empresas que ofrecen servicios de impresión bajo demanda (POD, por sus siglas en inglés) permiten a cualquiera crear una tienda virtual en la que los clientes pueden echar un vistazo, ver cómo quedará la obra de arte en distintos materiales y comprarla.

La impresión bajo demanda puede ser algo más que carteles. La mayoría de las empresas que ofrecen este servicio también imprimen arte personalizado en cualquier cosa, desde camisetas hasta cojines. La lista de productos también incluye sujetadores deportivos, pantalones de yoga, alfombrillas para el *mouse*, pufs, rompecabezas y gorras.

Si encuentras a alguien que quiera tu arte generado por IA en su sujetador deportivo o en su gorra (¡o en ambos!), los proveedores de POD se lo fabricarán y se lo enviarán. Las empresas de POD más populares, como Printful y Printly, ofrecen integraciones con Shopify, Wordpress y otras plataformas de comercio electrónico para facilitar la creación de una tienda online en una hora o menos. Todo lo que necesitas son compradores, y para facilitar esa parte estas plataformas de comercio electrónico suelen integrarse con plataformas de creadores como Instagram y TikTok. Solo tienes que compartir tus diseños y dirigir a tus seguidores a tu tienda.

El arte de la IA es otro ejemplo de cómo la tecnología ha permitido un auge de microempresas en los últimos años. No hace mucho escribí sobre cómo los fotógrafos aficionados podían ganar algo de dinero creando una biblioteca de fotos de archivo y poniéndolas a la venta. El único problemilla era que este proceso requería que, ya sabes, salieran a hacer fotos y luego editaran cada una de forma individual antes de publicarlas.

Ahora, por supuesto, es mucho más fácil, raro y rápido. En lugar de tener que salir a la naturaleza para encontrar la foto perfecta, cualquiera puede teclear unas cuantas palabras clave desde la comodidad de su sofá y conseguir el mismo resultado. Como dijo un artista digital en YouTube: «Antes pasaba horas y horas haciendo elementos gráficos. Ahora les dedico minutos, y quedan igual de bien».

¿Cuánto arte se genera ahora con IA? Es difícil decirlo, pero una cosa es segura: puedes esperar que esta tecnología, y las formas en que puede aplicarse, crezca a pasos agigantados en el futuro.

En un futuro próximo, pódcast enteros serán escritos y grabados en voz por IA. Los músicos y DJ publicarán canciones escritas (y en algunos casos interpretadas) por IA. Las editoriales publicarán obras de ficción y poemarios escritos por IA.

Los artistas visuales construirán sus carreras exclusivamente a través del arte de la IA. Algunos revelarán su proceso y otros no, y se producirán escándalos cuando se descubra a los artistas que no lo hagan.

Una cosa es segura: esta particular revolución se digitalizará algorítmicamente.

NOVELA GRÁFICA EN UN DÍA

En un videotutorial de 20 minutos, un artista con el apodo PhilFTW demostró cómo utilizar el arte de la IA para crear una novela gráfica entera en menos de un día. Parece increíble, pero es cierto.

El verdadero nombre del artista es Alex Colvin y había pasado veinte años trabajando en publicidad corporativa antes de dejarlo para trabajar en un estudio de juegos indie. Cuando empezó a experimentar con cómics generados por IA, lo hizo por amor al arte, no por dinero. Pero muy pronto se dio cuenta de que podía tener algo entre manos. Publicó sus dos primeros cómics en la plataforma Kindle Direct Publishing de Amazon, y luego se dispuso a crear toda una antología. En un correo electrónico describió el cambio como algo que debía haber hecho hace tiempo: «Trabajo más y la paga es menor, pero nunca me siento un guiñapo al final del día».*

Tras explorar Midjourney y algunas otras herramientas, tuvo una idea: ¿podría hacer su propio cómic totalmente con IA?

Y fue aún más lejos: no solo podía enseñar a la gente a hacer cómics originales, prometió, sino que podía enseñarles a hacerlo todo en un día.

* También dijo: «Ojalá me hubiera dado cuenta de esto diez años antes, pero me siento afortunado de tener cuarenta y dos años y vivir el sueño. Hay demasiadas personas que no saben que tienen esa opción».

Los pasos necesarios llevarían unas cuantas horas, pero, aun así, el ritmo y la calidad que puedes conseguir con estas herramientas es asombrosa.

Para probarlo tú mismo, sigue estos pasos:

1) Crea una serie de muchas imágenes relacionadas a partir de un generador de arte de IA. Debes buscar crear una amplia gama, pero también que parezca que están unas junto a otras. (Mejorarás en esto a medida que empieces a crear imágenes).
2) Escribe la «historia» del cómic utilizando un generador de texto de IA. Al igual que con el arte visual, donde encontrar las imágenes perfectas requiere iteración, es probable que obtengas montones de texto desechable por cada párrafo utilizable. Descarta lo que no necesites y quédate con lo demás.
3) Edita la historia en trozos cortos de texto que contengan una sola idea o línea de diálogo. Estos fragmentos se utilizarán como pies de foto para acompañar a tus imágenes.
4) Utilizando Photoshop u otro programa de diseño, maqueta las imágenes y el texto de cada página. Para tu primer cómic, lo ideal son entre ocho y 12 páginas.
5) Crea y añade una portada a tu maqueta (utilizando arte de IA, ¡por supuesto!).
6) No hay paso seis: ¡acabas de hacer una novela gráfica! Lo que hagas después con ella depende de ti.

Cómo pintar Picassos falsos

Hay muchas formas diferentes de hacer arte de IA, pero todas requieren un generador de arte de IA.

Por suerte, la mayoría son gratuitas o baratas. Por mi suscripción «pro» de 30 dólares al mes a Midjourney, podía hacer un número ilimitado de gatos bebiendo batidos, y por supuesto, cualquier otra cosa que quisiera. Algunas aplicaciones son del todo gratuitas, aunque suelen tener funciones más limitadas o requieren más conocimientos de programación que las de paga.

Según un tutorial en línea, el aprendizaje del uso de estas herramientas se produce, por lo general, en cuatro etapas. En el nivel uno estás empezando a experimentar. Se describe como la etapa en la que podrías exclamar: «¡Dios mío, acabo de escribir una frase e hice una imagen preciosa!».

Me reí cuando me reconocí en esa experiencia.

El nivel dos es donde te das cuenta de que conseguir que un motor en línea reproduzca lo que tienes en la cabeza es mucho más difícil de lo que parece. Y en los niveles tres y cuatro es donde te vuelves cada vez más hábil para aprovechar esas imágenes iniciales y mejorarlas con niveles de detalle cada vez más precisos.

Aquí tienes algunos consejos sobre cómo conseguirlo:

Da mejores instrucciones. Ser capaz de utilizar y manipular herramientas artísticas de IA es una habilidad. No es codificación, ni tampoco diseño o fotografía, pero se basa en elementos de cada uno de ellos.

Aunque estas herramientas no son complicadas de utilizar, con un poco de conocimiento se llega muy lejos. Una forma de mejorar en la generación de imágenes es estudiar las sugerencias más frecuentes que aparecen en la parte superior del Discord de la comunidad o en la página de «destacados». Intenta jugar con estas indicaciones comunes añadiendo o quitando frases. Cuanto más lo hagas, más fácil te resultará escribir tus propias ideas originales.

Las instrucciones suelen adoptar una estructura lingüística intuitiva que comienza con el tema deseado, seguido de cualquier parámetro o detalle adicional, y termina con cualquier especificación fotográfica o de ilustración (como qué estilos te gustan) y una relación de aspecto (tu relación deseada de altura a anchura). Por ejemplo, para crear un retrato apaisado, escribirías algo así:

> paisaje, templo al fondo, 16:9

Es una versión sencilla. Puede producir algo interesante, pero obtendrás mejores resultados si eres más detallista. Para mejorar tu consulta, escribe algo como esto:

> paisaje birmano al atardecer al estilo de Ansel Adams, templo al fondo, majestuoso, detallado, mucha luz, 4k, 16:9

Hay muchos vídeos y tutoriales en internet que explican este proceso en detalle. Aunque nunca estaré a la altura de los usuarios que pueden generar personajes de anime realistas con solo pulsar unas teclas, pude mejorar mis habilidades básicas en un par de horas, nada más jugando.

Crea un estilo propio. Las herramientas de IA son excelentes para replicar el estilo de artistas famosos. Pero cualquiera puede utilizar estas herramientas para crear un cuadro que se parezca a un Picasso, lo que significa que si quieres que tu obra destaque, necesitarás un estilo propio.

Pon atención, porque aquí es donde entra en juego la verdadera experiencia. Especializarte en determinados temas o tipos de imágenes te diferenciará de los aficionados, lo que puede resultarte útil cuando intentes vender tu arte mediante impresión bajo demanda.

Haz un montón de variaciones. Cuando tengas algo de práctica, ponte manos a la obra y haz muchas variaciones diferentes de una misma idea.

Tener algunos conocimientos tradicionales de edición fotográfica puede ser útil en este caso, porque aunque el arte de la IA es asombroso, no siempre te da exactamente lo que quieres. Así que si eres capaz de retocar un poco tus creaciones, por ejemplo, añadiendo texto, recortando partes de la imagen o fusionando imágenes, lo más probable es que resulten mucho más atractivas para los compradores potenciales. Lo que nos lleva a…

Cómo vender tus obras maestras

Crear una tienda online. Angus Russell se benefició de que su negocio NightCafe fuera uno de los primeros en permitir a los usuarios no solo generar imágenes, sino también imprimir réplicas físicas para colgarlas en la pared. Fue una decisión inteligente, pero ahora que este mercado ha crecido te irá mejor si encuentras un nicho específico en el que centrarte.

Shopify y otras plataformas comerciales «todo en uno» facilitan bastante la creación de tu propia tienda, con tu propio nombre de dominio y logotipo personalizado. Normalmente crearás una cuenta en una de esas plataformas, integrándola con una empresa especializada en impresión bajo demanda.

Si tienes experiencia montando un blog o un sitio web básico, estarás listo y funcionando en un par de horas. Si no has hecho nada parecido antes, puede que te lleve un poco más de tiempo.

Para una configuración aún más sencilla, puedes registrarte en una empresa como RedBubble, que lo hace todo en un solo lugar, pero no te permite tanta personalización. Podrías tantear el terreno ahí primero y ver qué te parece.

«Escenifica» tu obra. Si vas a vender versiones físicas de tu arte digital, consigue fotos de alta calidad en las que se vea bien en una casa u oficina bonitas. Aunque la mayoría de las plataformas incluyen de forma automática imágenes que muestran cómo podría quedar tu arte en la pared de alguien, tu tienda parecerá más auténtica, si vas un poco más allá. Encarga muestras enmarcadas de algunas de tus mejores obras y haz fotos bonitas de ellas colgadas en tu casa u oficina. Si es necesario, pide ayuda a un amigo, ya sea para colocarlas en un lugar mejor o para fotografiarlas, si eso no entra dentro de tus habilidades.

Crea un perfil de Instagram y empieza a publicar imágenes. Una vez que tengas una tienda, necesitas compradores. Instagram tiene sus problemas, y no funciona para todo tipo de negocios, pero para algo como esto es ideal. Crea un nuevo perfil dedicado de forma exclusiva a tu nuevo arte. Sigue las reglas clásicas de la «gestión de redes sociales»: publica todos los días, utiliza hashtags relevantes, sigue y dales «Me gusta» a las publicaciones de los líderes del sector e interactúa con tus seguidores.

Incluye un enlace a la tienda en tu perfil, y deja claro en cada publicación que los seguidores pueden comprar copias de lo que quieran. También puedes venderlas a través de Amazon o Etsy, o incluso crear varias tiendas con identidades distintas en cada una de estas plataformas. Un artista de YouTube dice que gana 5.000 dólares al mes vendiendo sus creaciones de IA de esta forma. Las aplicaciones de impresión por encargo parecen diseñadas para esto, y varias de ellas ofrecen la posibilidad de gestionar «hasta 10 tiendas» con el plan de nivel profesional.

* * *

Por muy poderosa que sea la IA, hacer arte de IA consistente y de alta calidad requiere esfuerzo. Me divertí aprendiendo a escribir *prompts* (secciones de texto con fines de programación), pero no iba a ganar ningún concurso de arte. La mayoría de mis intentos de representar gatos ninja en el Japón feudal, por ejemplo, fracasaron. Del mismo modo, aunque disfruté de mi breve etapa como escritor de relatos cortos, esos relatos generados por IA tampoco van a ganar ningún premio literario, al menos de momento.

Aun así, estas herramientas de IA pueden utilizarse para acelerar un proceso existente, permitiendo a artistas, escritores y otros creativos ahorrar tiempo sin dejar de desarrollar sus valiosas habilidades, para ampliar drásticamente el volumen y la variedad de productos digitales que producen y venden, o para externalizar las partes rutinarias y repetitivas del proceso artístico, liberando a los humanos para que centren su energía en las cosas más creativas.

Después de escribir un primer borrador de este capítulo, el laboratorio de investigación conocido como OpenAI anunció una nueva versión de su modelo de aprendizaje de idiomas llamado ChatGPT. Se trataba de la última iteración de OpenAI del mismo tipo de herramienta que yo había utilizado para generar una breve historia sobre ir de compras.

Decidí intentarlo de nuevo con la nueva herramienta para ver si esta versión era mejor. En concreto, le pedí que «contara una historia corta sobre un bar ficticio que llevara el nombre de su propietario, Otto. La historia debe incluir cerveza y plátanos, y terminar con una moraleja».

Como verás dentro de un momento, obtuve exactamente lo que pedí. Esta vez algunos detalles eran menos aleatorios, y no «parecía» tanto que lo hubiera escrito un robot, aunque obviamente lo fuera.

Es cierto que la moraleja del final era un poco básica («a veces merece la pena ser abierto de mente»), y que la historia no estaba llena de un drama apasionante, pero eso podría haber sido culpa mía. Quizá debería haber añadido «drama apasionante» a la frase.

Aunque la singularidad aún no ha llegado, la IA es cada vez más potente. Estas herramientas pueden utilizarse para divertirse (gatos que beben batidos; relatos cortos sobre ir de compras), para ganar dinero (vender tus obras inspiradas en Picasso), o para ambas cosas.

Siempre habrá ordenadores y siempre habrá humanos. Pero no creas que siempre serás capaz de diferenciar su trabajo.

Bar de Otto

no escrito por el autor

El bar de Otto era un lugar popular en la pequeña ciudad de Millville, conocido por sus bebidas baratas y su ambiente relajado. Otto, el propietario, era un hombre amable y jovial al que nada le gustaba más que charlar con sus clientes y servirles una cerveza fría.

Una calurosa noche de verano un grupo de amigos se detuvo en el bar de Otto para tomar una ronda de cervezas. Mientras conversaban y reían en la barra, entró una joven llevando un gran racimo de plátanos.

—¿Qué puedo hacer por usted, señorita? —preguntó Otto, mirando los plátanos con curiosidad.

—He oído que tienes la mejor cerveza de la ciudad —respondió la mujer—. Esperaba cambiar estos plátanos por unas botellas.

Otto estaba un poco desconcertado, pero no podía evitar sentirse intrigado. Nunca antes había cambiado cerveza por plátanos.

—Bueno, supongo que podría darte una botella o dos por esos plátanos —dijo Otto riendo entre dientes—. Pero tengo que advertirte que mi cerveza vale mucho más que un racimo de fruta.

La joven sonrió.

—Lo comprendo, pero te aseguro que estos plátanos son especiales. Se cultivaron en una pequeña granja de una tierra lejana y se dice que tienen propiedades mágicas.

Otto se mostró escéptico, pero le gustaban los riesgos. Pensó que no tenía nada que perder y aceptó el trato. Le dio a la chica dos botellas de su mejor cerveza a cambio de los plátanos.

Resultó que los plátanos eran en verdad especiales. Tras comer solo uno, el grupo de amigos del bar notó que de repente estaban más enérgicos y alertas. Terminaron sus cervezas en un tiempo récord e incluso jugaron unas rondas de billar antes de volver a casa.

La moraleja de la historia es que a veces vale la pena tener la mente abierta y arriesgarse con algo nuevo. Nunca se sabe qué oportunidades pueden surgir.

8

La OPI* humana

Concepto: ¿Necesitas dinero para un negocio? Ahora puedes obtener financiamiento de inversionistas directos sin pasar por intermediarios. También puedes convertirte en gestor de tu propio fondo supervisando una operación similar a *Shark Tank*, que gasta el dinero de otras personas.

En la primavera de 2020 Alex Masmej estaba en bancarrota. Vivía en París, pero quería trasladarse a San Francisco, una ciudad que no se distingue precisamente por su bajo coste de vida. Podría haber conseguido un trabajo en Starbucks, trabajar como freelance o pasar los fines de semana transportando pasajeros en Uber, pero habría tardado muchos meses en reunir el dinero que necesitaba. En lugar de eso, Alex presentó lo que denominó una «OPI humana» para financiar el traslado. Creó un token digital ($ALEX) y pidió 20.000 dólares a cambio del 10 % de los ingresos que generaría en los tres años siguientes.

---

* La OPI, una oferta pública inicial, es un proceso que se lleva a cabo en un mercado de valores, en el cual una entidad o persona que ofrece algo vende activos financieros de una empresa o sociedad. Estos activos pueden incluir acciones que representan la propiedad de la empresa o títulos de deuda. *(N. de la T.)*.

Alex consiguió el dinero, pero también consiguió algo aún más valioso. Su idea era tan novedosa, y tan brillante en su sencillez, que atrajo la atención en línea de muchas de las personas que esperaba conocer en San Francisco, lo que a su vez le brindó una serie de oportunidades.

Solo hubo una parte del plan que no salió como esperaba: en un principio Alex quería trabajar en una startup, pero acabó fundando su propia empresa.

Antes, si tenías una idea, así como un plan para crear, monetizar y ampliar un negocio en torno a esa idea (todo ello detallado y representado gráficamente en una presentación de 30 diapositivas), un banco o una empresa de capital riesgo podía darte dinero a cambio de una parte del capital o de los beneficios futuros, por supuesto.

Ahora, sin embargo, grupos de microinversionistas ofrecen infusiones de capital a particulares con tan solo echar una miradita al plan de una empresa. En algunos casos los individuos solo tienen ideas. A veces simplemente demuestran suficiente talento o carisma, y emiten la vibración de alguien seguro de tener ideas que cambiarán el juego en el futuro.

En resumen, encontrar a alguien que invierta en ti nunca ha sido tan fácil. ¿Cómo lo haces? Para empezar, no te centres en encontrar esa idea en la que la gente querrá invertir en algún momento del futuro. En lugar de eso céntrate en encontrar a las personas que ya quieren invertir en tu futuro.

Vende tu futuro

La idea de una «OPI humana» puede parecer extraña. Pero ¿lo es realmente? Al fin y al cabo, la mayoría de las formas de inversión implican comprar una parte de los futuros beneficios de una empresa, así que ¿por qué no habría inversionistas interesados en comprar parte de los futuros beneficios de una persona?

Jason Zook, que una vez cobró por llevar la camiseta de una marca diferente cada día durante cuatro años, pensó que era posible. Ser una valla publicitaria humana era un truco genial que se pagaba bien, pero al final Jason se hartó del negocio de «Me pongo tu camiseta» y decidió doblar la apuesta con una oferta única para sus seguidores.

Había estado trabajando en un montón de cursos online y programas de coaching, y además de apuntarse a cualquier oferta concreta, sus seguidores también podían pagar mil dólares para acceder a cualquier cosa que hiciera en el futuro.

Lo llamó «Compra mi futuro» y ganó 178.000 dólares. Dos años después, repitió el proceso con su mujer («Compra nuestro futuro») y obtuvo otros 300.000 dólares.

Breve historia de la inversión empresarial

Para retroceder un momento, ¿de dónde viene el dinero?

Si has seguido el auge de empresas emergentes que salen de lugares como Silicon Valley, se te perdonaría que pensaras que el dinero cae del cielo, o de las hadas del dinero del gobierno, que imprimen lo que quieren.

Sin embargo, históricamente el dinero utilizado para poner en marcha nuevas empresas procedía más a menudo de grupos de financieros. Ya en el siglo XVIII este modelo se utilizó para financiar barcos balleneros que se aventuraban en aguas árticas. Eran expediciones costosas que podían reportar grandes beneficios, siempre que los barcos regresaran con valioso aceite de ballena y otras mercancías.

Pero en ocasiones los barcos se perdían en el mar, hundiendo literalmente todo ese capital de inversión. Los inversionistas pronto se dieron cuenta de que podían diversificar su inversión y, por tanto, minimizar su riesgo financiando varios barcos, capitanes y viajes.

Los mayores inversionistas eran carteles como la Compañía de las Indias Orientales: organizaciones casi gubernamentales que financiaban tanto el colonialismo como las expediciones balleneras. Con el tiempo, los carteles se hicieron tan poderosos que pudieron dictar las condiciones de estos acuerdos, lo que significaba que se enriquecían minuto a minuto mientras aplastaban a cualquiera que se interpusiera en su camino.*

Era injusto en todos los niveles, y suficiente para convertir a un empresario normal y corriente en un seguidor de Karl Marx, que relataba la corrupta historia de la Compañía de las Indias Orientales en sus habituales columnas periodísticas.

Con el tiempo, los carteles financiados por el gobierno se transformaron en bancos y otras instituciones financieras. Durante uno o dos siglos más, si necesitabas capital, acudías a los bancos con el sombrero en la mano.

En el periodo previo al primer boom de las puntocom, el equilibrio de poder cambió una vez más cuando los capitalistas de riesgo empezaron a dirigir el mundo de las startups. Ahora, en lugar de aceptar un pagaré que prometía el reembolso con intereses, los inversionistas cambiaban su capital por una participación en la propia empresa. Además, gracias a la globalización y la tecnología, el coste de poner en marcha muchas empresas se redujo de forma significativa.

A partir de la era Web2 se lanzaron plataformas con la promesa de facilitar la inversión directa. Una de las grandes fue Kiva, fundada en 2005 con la misión de apoyar «microcréditos» a personas de países pobres. Gracias a una red de organizaciones nacionales que operaban en asociación con Kiva, cualquiera podía entrar en internet y consultar los listados de miles de proyectos empresariales. A continuación podían prestar 50.000 dólares o menos a cualquier proyecto, la mayoría de los cuales se devolvían.**

El crowdfunding despegó en 2007-2010, cuando debutaron tres grandes plataformas. Una fue Kickstarter, cuya misión es ayudar a dar vida a proyectos creativos. Otra fue Indiegogo, que en su origen se centró en recaudar dinero para películas independientes antes de

* Incluyendo la mayor parte de India y Pakistán, partes de China y varias islas indonesias.

** Más de dos millones de prestamistas han utilizado Kiva, y la organización se jacta de una tasa de reembolso del 96 %.

expandirse a todo tipo de proyectos empresariales. La tercera fue GoFundMe, que permite a la gente invertir en prácticamente cualquier proyecto o causa bajo el sol.

Ahora, en lugar de pequeños préstamos, los inversionistas de a pie podían contribuir con tan solo 10 dólares al objetivo de recaudación de fondos para un proyecto determinado. Si se alcanzaba el objetivo, recibían una recompensa, por lo general en forma del producto o servicio que habían ayudado a financiar.

Patreon surgió unos años más tarde, con el objetivo de permitir a los aficionados apoyar a través de aportaciones económicas a músicos y artistas de forma directa. Fundamentalmente, Patreon se estructuró en torno a donaciones recurrentes, no solo campañas puntuales de recaudación de fondos. Esto proporcionó a muchos artistas una fuente constante de ingresos, permitiéndoles ganarse la vida de forma fiable con su trabajo.

Sin embargo, por mucho que cambien la vida de quienes las utilizan, cada una de estas plataformas tiene su nicho. Kiva conecta a prestamistas con microprestatarios en países pobres. Kickstarter trata de proyectos, y tiende a funcionar mejor con proyectos que implican un artículo físico que hay que fabricar (un juego de mesa, un artefacto, etcétera). La mayoría de las campañas de éxito de Patreon son para artistas, escritores o músicos. Pero ninguna ha funcionado bien para los demás.

En lugar del crowdfunding, muchos de los que buscaban inversión externa para proyectos de mayor envergadura solían seguir la filosofía de la «lean startup» de recaudar dinero mediante capital de riesgo. El único inconveniente era que necesitaban guardianes que les presentaran o actuaran como sherpas para guiarlos en el proceso. Como la mayoría de las cosas en una economía capitalista, funcionó bien para algunos y no funcionó en absoluto para muchos otros.

Al contrario de como se presenta en populares programas de la televisión como *Shark Tank*, donde los emprendedores compiten por la aprobación y la inversión de empresarios ricos, este sistema es frustrantemente opaco. *Shark Tank* es entretenido, incluso inspirador, pero todos los implicados, tiburones incluidos, lo hacen por las relaciones públicas. La mayoría de los acuerdos que se cierran nunca se concretan. No pasa nada, porque de nuevo... se trata menos de conseguir capital para financiar una idea que de las relaciones públicas.

Una amiga que participó en *Dragon's Den*, la versión canadiense de *Shark Tank*, me dijo por adelantado que no tenía ningún deseo de conseguir financiamiento. ¿Qué quería en cambio? Quería que los millones de espectadores conocieran su marca de té. Dadas las limitaciones de estos modelos existentes, personas como Alex Masmej están buscando medios de financiamiento aún más directos.

Por poner otro ejemplo, volvamos al mundo del podcasting.

La norma son las transferencias uno a uno

Una cosa que ha ayudado a impulsar este aumento tanto de los esfuerzos de recaudación de fondos privados como de la inversión en acciones meme es el simple hecho de que el intercambio de dinero es diferente de lo que solía ser. Los pagos mediante transferencia uno a uno, a través de aplicaciones como Venmo, Zelle o Cash App, son el modo predeterminado para muchos jóvenes, eliminando al intermediario de los bancos y las empresas de tarjetas de crédito. Es rápido, fácil y descentralizado, o, al menos, menos centralizado que nunca.

Algo de esto se aceleró con la pandemia, cuando el aumento de las compras por internet y «sin contacto» impulsó a cada vez más gente hacia los métodos de pago digitales, pero la tendencia ya estaba en marcha.

Hoy en día, parece que todo el mundo acepta pagos mediante transferencias uno a uno y, de hecho, muchos lo prefieren. Todo el mundo, desde los terapeutas hasta los peluqueros de perros, pasando por los supermercados, acepta este tipo de pagos. En algún momento, mi peluquero empezó a pedirme Venmo en lugar de mi tarjeta de crédito («por los impuestos»). Utilizando una aplicación llamada OfferUp, encontré a un tipo llamado Nick que obtiene la mayor parte de sus ingresos vendiendo plantas. Plant Guy Nick, como yo le llamo, solo acepta Venmo o Cash App como forma de pago. Quizá tú también lo hayas notado en tus interacciones.

TU KICKSTARTER APESTA
(PERO TAMBIÉN ES IMPRESIONANTE)

Como es internet, el crowdfunding también tiene su lado absurdo. El pódcast *Tu Kickstarter apesta* destaca algunas de las campañas más estrambóticas, algunas de las cuales consiguieron de verdad atraer financiamiento.

Entre la consulta de los archivos del programa y una rápida investigación online por mi cuenta, he aquí algunas campañas que me parecieron especialmente notables.

- Un rapero conocido como B.O.B., que intentó recaudar 200.000 dólares en una campaña para demostrar que la Tierra era plana. Desgraciadamente, la propia campaña fracasó, y recaudó solo 650 dólares.
- Un nacimiento navideño minimalista ¡fue elegido por el personal de Kickstarter! Consistía en figuritas en forma de bloques de madera lisos. «La interpretación del nacimiento depende de ti», escribió el creador. «Las variaciones me parecen fascinantes».
- ¿Alguna vez has querido lamer a tu gato? Ahora puedes. Anunciado como una «forma novedosa y divertida de establecer un vínculo con tu gato», este cepillo de acicalamiento te permitirá «lamer a tu gato hasta dejarlo limpio, pero sin las bolas de pelo», según prometen los creadores del cepillo LICKI. Recaudó 52.179 dólares.
- Una página GoFundMe «Alcohol/Drogas/Cigs» iniciada por un estudiante emprendedor que informó que estaba «quebrado y tratando de pasar un buen verano».

- Una aplicación que permitiría a los usuarios «descargar» energía del aire, convirtiéndola en una fuente de energía utilizable. Parece increíble. Y también imposible. Indiegogo la cerró. :(
- Un diseñador sueco que creó un concepto de «robot de cama multiservicio», que ofrecía una serie de servicios. El Bed Botix podía hacer la cama, por ejemplo, o despertarte dándote un suave codazo si no respondías a la alarma. Pero eso no es todo. También podía dar masajes a demanda, e incluso ayudar en los actos íntimos. Desgraciadamente, el Bed Botix nunca cobró vida.

Objetivo de adquisición desvergonzado

Laura Mayer tiene un derecho a la fama: hasta donde ella sabe, es la persona responsable de producir más pódcast de éxito que nadie en la industria. Entre los programas más populares que ha ayudado a lanzar están *Revisionist History* de Malcolm Gladwell, *Happier* con Gretchen Rubin y *Bad Blood*, por nombrar solo algunos. Ahora puede añadir otro logro a su currículum: el de iniciar su propio programa sobre el tema de la adquisición de un pódcast.

Laura era la empleada número uno de Panoply, un estudio de producción de pódcast que creció a pasos agigantados en sus primeros años, durante los cuales trabajó sin descanso para convertir la empresa en uno de los principales destinos para los talentos del podcasting.

Para conseguirlo, lo dio todo en Panoply, lo que resultó ser demasiado. Una vez convocó a una reunión desde el hospital. Incluso después de que sus jefes supieran dónde estaba, la regañaron por no presentarse en persona.

Cuando por fin renunció para trabajar en una nueva empresa de la competencia, su empleador recompensó sus años de servicio quitándole todo su capital fantasma. Tres años después, la empresa se vendió por 200 millones de dólares. Laura, por supuesto, no recibió nada.

Por aquel entonces vivía en una zona cara de Brooklyn, tenía una hija pequeña, y quería poder comprarse una casa. Pero, por supuesto, no podía permitírselo, ya que había perdido todas aquellas opciones sobre acciones. ¿Qué podía hacer?

La respuesta llegó en forma de un nuevo pódcast.

Lanzó su propio programa con un título intencionadamente poco sutil. Se llamaba *Shameless Acquisition Target* (Objetivo de Adquisición Desvergonzada).

En ese programa Laura prometió ofrecer una mirada entre bastidores al funcionamiento interno del mundo del pódcast. Pero no se trataba solo de un programa para desenmascarar ese mundo, sino de un modelo de negocio.

Cómo pescar tiburones

El programa de Laura surgió en una época en la que las redes de pódcast, como la que ella había dirigido durante tres años, estaban hambrientas de contenidos y compraban propiedades de pódcast a diestra y siniestra. Gimlet se vendió a Spotify por 230 millones de dólares. Otra red fue adquirida por 120 millones de dólares. Casi todos los meses se anunciaba otro gran acuerdo.

Laura quería que su programa también fuera adquirido (de ahí el nombre, que no dejaba lugar a ambigüedades), y fijó un plazo de seis semanas para recibir ofertas.

La campaña que produjo para *Shameless Acquisition Target* era juguetona en su audacia. El eslogan era «el programa que se vende solo». La banda sonora de apertura, que encargó a un músico de Fiverr, hacía referencia a su objetivo de ganar «dinero de la casa». Un episodio en tono de intriga preguntaba: «¿Ganará cientos, millones o docenas de dólares?».

Como forma de rellenar el lado humano de la historia, grabó sus conversaciones con su marido mientras paseaban por una casa misteriosa en el vecindario al que Laura deseaba desesperadamente mudarse. La casa se convirtió en un personaje secundario de la propia narración, lo que llevó a Laura a vender camisetas de marca con una foto de la casa (técnicamente, era una residencia parecida, porque le preocupaba que los dueños reales de la propiedad la demandaran). Aunque sus proyectos eran bastante diferentes, tanto Alex como Laura siguieron un proceso similar para encontrar al «tiburón» adecuado para financiarlo.

Empezaron con una advertencia: publicar una idea con la esperanza de que encontrara el inversionista adecuado. Era importante que la idea fuera interesante y novedosa, pero Alex y Laura sabían que no bastaba con lanzar algo extraño al mundo para que lo descubrieran. Así que, además de anunciar sus proyectos públicamente, trabajaron aún más en privado, y se pusieron en contacto con amigos de amigos entre bastidores, y trabajaron todos los ángulos posibles que pudieran conducir al financiamiento.

Fue un proceso en tres partes: el lanzamiento del negocio, el acercamiento en caliente y el lanzamiento en frío.

1) El lanzamiento del negocio

Un lanzamiento de un negocio es esencialmente un anuncio de tu solicitud de financiamiento, y puede adoptar muchas formas. Para Alex fue muy sencillo: empezó con una serie de tuits, así como una charla que dio en un evento sobre criptomonedas en París. Para Laura fue mucho más complejo, ya que su pódcast era tanto el lanzamiento del negocio como el producto en sí. Aun así, el tráiler de dos minutos de su pódcast sirvió como punto de entrada básico para que alguien lo conociera.

Aunque utilices preponderantemente las redes sociales para tu anuncio, te recomiendo que también crees una versión escrita en un sitio web o una entrada de blog. Es útil tener algo más a lo que apuntar.

Elijas lo que elijas, es importante tener un lugar al que enviar a la gente que quiera saber más sobre ti.

2) El acercamiento en caliente

Una vez que tengas lista la publicación de una oferta querrás asegurarte de que tus amigos, colegas y conocidos la conozcan. Llamo a esto «acercamiento en caliente», porque es diferente de dirigirse a un desconocido. Es crucial que conectes con personas influyentes (es decir, personas que pueden ponerte en contacto con inversionistas, no solo personas con muchos seguidores al azar).

Aunque cada proyecto es diferente, para muchos creadores la difusión en caliente es más importante que el planteamiento en frío. Es durante este tiempo cuando conectarás con embajadores potenciales que pueden ayudar a muchas otras personas a conocerlo.

Aunque conocía a Laura Mayer desde hacía varios años cuando lanzó su pódcast, no habíamos mantenido el contacto y probablemente me habría perdido la noticia de su proyecto si ella no se hubiera puesto en contacto con su círculo para anunciarlo.

Pero no me enteré directamente por ella. Escribió al editor de *Hot Pod*, un popular boletín para iniciados en pódcast. Ahí se enteró Jonathan Fields, un viejo amigo, que escuchó el primer episodio y me lo mencionó. Luego vi que Gretchen Rubin, otra amiga, también lo había mencionado en su boletín.

Gracias a las recomendaciones de Jonathan y Gretchen, vi el tráiler y me encantó. A partir de ahí, me suscribí y escuché toda la serie. Ese es el poder de una red en acción.

3) El lanzamiento en frío

Si tienes mucha suerte, puede que atraigas exactamente al inversionista o inversionistas adecuados a través de la publicación de ofertas públicas y de un acercamiento en caliente. A menudo, sin embargo, tendrás que ir más allá y llegar a personas que no conoces.

Es útil elaborar una «lista negra» de posibles inversionistas, tal vez empezando por los directorios de capital riesgo en línea (Crunchbase tiene uno, por ejemplo) o utilizando Twitter para buscar menciones recientes de «AngelList», «capital de riesgo» o similares. Por supuesto, asegúrate de investigar un poco más, ya que muchas de esas menciones no te llevarán al tipo de personas a las que quieres dirigirte, pero algunas sí, así que tu objetivo es encontrar los diamantes.

Para el «lanzamiento en frío» se aplican algunas reglas. En primer lugar, reduce tus expectativas. Agradece cualquier respuesta y sé amable pase lo que pase. Mantén una comunicación introductoria breve y directa. Solo buscas meter un pie en la puerta. Si tienes una presentación con láminas, pregunta antes de enviarla.

Si la gente expresa interés, envíale el enlace de la publicación del acuerdo (y la presentación con láminas, si la tienes), pero no exageres: quieres que tu proyecto hable en gran medida por sí mismo, y no quieres parecer desesperado.

La mayoría de las sociedades de capital de riesgo y otros inversionistas activos reciben muchos lanzamientos no deseados. Pero esto no significa que debas renunciar a llamar la atención. Como el agente literario que sueña con encontrar la próxima «gran novela americana» en una pila de rechazos, la mayoría de ellos siguen buscando esas joyas ocultas. No solo quieren la próxima gran cosa, quieren la próxima cosa potencialmente grande que nadie más tiene. Tu trabajo es ayudarles a encontrarla.

Una cosa más: tus esfuerzos de captación tienen muchas más probabilidades de éxito si hay algún tipo de urgencia incorporada. No solo quieres que un inversionista potencial piense: «Esto parece interesante», y luego lo archive, quieres que piense: «Será mejor que me lance ahora mismo». De lo contrario, corres el riesgo de perderte en el bullicio del flujo constante de información.

Laura lo hizo en su pódcast *Shameless Acquisition Target* introduciendo una fecha límite. En el episodio de cada semana desafiaba a los patrocinadores a superar la cantidad de financiamiento que proporcionaba el patrocinador de la semana anterior. Luego, hacia el final, el programa desapareció durante treinta días. Durante ese tiempo dijo a la audiencia que aceptaría propuestas antes de anunciar una decisión en el siguiente episodio.

¿Qué ocurrió al final? Muchas cosas. Gracias en gran parte a su trabajo en *Shameless*, le llegó una nueva y atractiva oferta de trabajo. Por muy divertido que fuera experimentar con ese nuevo modelo de recaudación de fondos poco convencional que había inventado, por el camino se había dado cuenta de que quizá se adaptaría mejor al mundo laboral tradicional, al menos mientras su hija fuera pequeña.

Pero eso no es todo. También se puso en contacto con un agente literario y empezó a convertir la idea en una propuesta de libro, y también está trabajando en los derechos cinematográficos y televisivos. No me sorprendería que al final acabara quedándose con la casa.

Eludir a los guardianes

Hoy en día un nuevo ecosistema de plataformas descentralizadas de microinversión como AngelList y Funder's Club hacen que obtener financiamiento sea más fácil que nunca. Estas plataformas no solo te permiten conectar directamente con inversionistas que podrían querer respaldar tu proyecto, sino que también hacen que sea más fácil cumplir los requisitos para obtener financiamiento.

Siguiendo este camino, no hay ninguna gran institución de control que examine tu plan de empresa, revise tus estados financieros y decida si mereces o no financiamiento. Todo lo que necesitas es un inversionista directo, en algún lugar, que crea en tu idea.

Mejor aún, en estas plataformas son los usuarios los que establecen las reglas, incluida la que te permite aceptar inversionistas de forma recurrente, lo que significa que no tienes que recaudar todo el dinero que necesitas de una vez. Suelen hacerlo a través de dos herramientas principales, los sindicatos y los fondos rotatorios.

- Sindicato = grupo de inversionistas que reúnen su dinero para invertir en empresas o proyectos específicos
- Fondo rotatorio = fondo único que ofrece a los inversionistas la posibilidad de invertir en muchas empresas o proyectos

En un sindicato cada inversionista individual puede elegir en qué empresas invertir, operación por operación. En un fondo rotatorio es el gestor del fondo quien elige. Así, aunque los inversionistas no pueden elegir las empresas, cada fondo rotatorio solo existe durante un trimestre natural, momento en el que los inversionistas tienen la opción de retirar su dinero o reinvertirlo en un nuevo fondo. (Existen otras variaciones de esta estructura, pero esta es la más común).

Tu *Shark Tank* personal

Veamos ahora la otra opción que ha permitido el microfinanciamiento: gestionar un fondo rotatorio propio. En este papel tú eres el tiburón repartiendo inversiones de una cartera de activos que controlas. Y en plataformas como AngelList solo hacen falta un par de clics para empezar.

¿Por qué harías algo así? Porque es genial tener tu propia empresa de capital de riesgo. Ah, y también porque te quedas con un porcentaje de la inversión total. La cantidad puede variar (tú decides cuando creas el fondo), pero las comisiones de gestión típicas rondan el 2 %, pagadas de forma trimestral, independientemente de los resultados.

Además, tu fondo se lleva una parte de los beneficios, a menudo en torno al 20 %. También son habituales otras comisiones administrativas.*

Para hacer un cálculo aproximado, imagina que gestionas un pequeño fondo de un millón de dólares. Cada trimestre recibirías una comisión de gestión de 5.000 dólares, lo que supone un total de 20.000 dólares al año. Luego recibirías tu parte de los beneficios, también pagada trimestralmente. Si tu fondo gana un interés anualizado del 15 %, eso te deja con 30.000 dólares.

---

* «¡Guau, eso son un montón de comisiones!». Sí, pero esto no es invertir en fondos indexados. Podrías montar uno de esos si lo prefieres, pero *a)* te costaría mucho competir con las empresas existentes, y *b)* tus comisiones serían mucho más bajas.

Capital: 1 millón de dólares
Comisión de gestión (2 %): 20.000 dólares/año
Comisión de rendimiento (el 20 % de los beneficios, sobre la base de un rendimiento anual del 15 %): 30.000 dólares

—

Rendimiento total: 50.000 dólares

Llegados a este punto, puede que te estés preguntando de dónde demonios vas a sacar ese millón de dólares inicial.

Buena pregunta. Por supuesto, puedes invitar a amigos, familiares y seguidores de las redes sociales a invertir en tu operación personal de *Shark Tank*. Pero además de llamar a las puertas, tu fondo también figurará en un directorio que los inversionistas consultarán en busca de su próxima oportunidad.

Los inversionistas que acuden a AngelList deben estar «acreditados», que es una forma elegante de decir que necesitan tener mucho dinero.* La mayoría de ellos están ahí porque quieren diversificarse de las inversiones tradicionales, por lo que tienden a repartir sus apuestas entre muchos proyectos en lugar de buscar una gran victoria.

Algunos ejemplos de fondos rotatorios que buscan inversionistas:

- Climate Avengers: un equipo centrado en apoyar a las startups en materia de sostenibilidad.
- Región Cuatro: fundada por un director de ingeniería de Airbnb y centrada en la tecnología en América Latina.
- Chasing Rainbows: invertir en empresas dirigidas por fundadores LGTBQ+ infrarrepresentados.
- Fondo de Acceso Preferente Unpopular Ventures: centrado en «las mejores empresas fuera de los caminos trillados».

---

* Por lo general, para estar acreditado se requiere un patrimonio neto de un millón de dólares o más, sin contar una residencia principal, o unos ingresos de al menos 200.000 dólares al año.

Puede que notes algo en esos ejemplos: cada uno de los fondos está diseñado para atraer a inversionistas interesados en un determinado sector o cuyos valores coinciden (o ambas cosas). Además de fondos temáticos como esos, también hay muchos fondos con un enfoque más general.

Básicamente, si tienes una idea, puedes crear tu propio fondo. Encontrar las empresas en las que invertir no es tarea fácil. Pero para alguien que ya sabe dónde quiere invertir y se le da bien conseguir inversionistas, esta podría ser una opción ideal.

El dinero inteligente está en los creadores

A medida que la economía pospandémica avanzaba a toda velocidad, se instaló una interesante creencia entre la clase inversionista: «Es más difícil encontrar cosas buenas en las que invertir que conseguir que alguien te dé dinero».

Durante un mercado al alza, el dinero siempre fluye. Pero incluso durante los mercados a la baja, la gente sigue invirtiendo. «El dinero tonto se va —me dijo un fundador—. Pero el dinero inteligente siempre está ahí».

En un entorno como este los creadores tienen todo el poder, y pueden beneficiarse de la idea adecuada incluso más que los inversionistas.

Por supuesto, no todos los proyectos de financiamiento colectivo tienen éxito, y a veces sindicatos enteros o fondos rotativos fracasan. Aun así, es probable que este modelo evolucione y crezca, por lo que es de esperar que surjan nuevas redes y plataformas que faciliten aún más este tipo de acuerdos. Los pequeños inversionistas podrán vincular sus futuros beneficios a personas creativas, y las personas creativas con ideas podrán recaudar fondos para poner en marcha sus proyectos.

Todo este dinero va a parar a alguien. ¿Por qué no ibas a ser tú?

9

Estafar a los estafadores

Concepto: Desde los cartuchos de tinta sobrevalorados hasta las apuestas deportivas, lo que hace tiempo que sospechas es cierto: el juego está amañado. Las empresas harán lo que sea para mantener una ventaja injusta, y el gobierno les ayudará en el camino.

Jeremy O'Sullivan y Melissa Nelson encontraron una prometedora idea de negocio: un servicio que ayuda a los propietarios de franquicias de McDonald's a arreglar sus máquinas de helados. Se dieron cuenta de que las máquinas estaban programadas para ser innecesariamente complicadas y propensas a funcionar mal, una práctica que beneficiaba a la corporación McDonald's a costa de sus franquiciados, que son los responsables de pagar las costosas reparaciones y el mantenimiento de las máquinas. No era un problema ocasional; las populares máquinas estaban tan a menudo fuera de servicio que surgió una aplicación, llamada apropiadamente McBroken, para seguir el estado de las máquinas en los establecimientos McDonalds de todo el mundo.*

* Hasta que los abogados lo cierren, visita McBroken.com para comprobar por ti mismo si en tu McDonald's más cercano pueden servir helados.

Donde los amantes del McFlurry de todo el mundo solo veían decepción, O'Sullivan y Nelson, que habían inventado un dispensador automático de yogur helado llamado «frobot» casi una década antes, vieron la oportunidad de volver a hacer grande el servicio de los helados. Así que iniciaron un lucrativo negocio mostrando a los franquiciados cómo hackear las máquinas mediante un dispositivo complementario que las mantenía en funcionamiento constante y reducía la necesidad de reparaciones. Podría parecer una propuesta beneficiosa para todos, pero en lugar de fomentar este desarrollo, la empresa intentó acabar con él expulsando a O'Sullivan y Nelson del negocio, menospreciando al mismo tiempo la tecnología de la pareja e intentando replicarla para su propio uso. Los ejecutivos amenazaron con anular las garantías de las máquinas de sus propios franquiciados si no utilizaban el proveedor oficial. Mientras tanto, afirmaban que nunca habían accedido a los sistemas patentados que O'Sullivan y Nelson habían construido, aunque los registros de los servidores y otras pruebas demostraban claramente lo contrario.

En resumen, fue la clásica historia de David y Goliat, y O'Sullivan y Nelson no se echan atrás. Están contraatacando con litigios y una campaña de relaciones públicas para desafiar a la empresa.

McDonald's tiene un historial de dar a socios y clientes menos de lo prometido, que se remonta a 1987 con el nacimiento de la promoción *Monopoly* de la empresa. Basada en el popular juego de mesa, la promoción ofrecía piezas de juego que luego podían canjearse por premios con cada compra. La mayoría de las piezas no valían gran cosa, pero algunas sí. Unos pocos clientes afortunados podrían recibir una pieza que fuera muy valiosa y que pudiera canjearse por cosas como un coche nuevo o un premio en metálico de hasta un millón de dólares.

Llevó a cientos de miles de clientes a comer más a menudo en los restaurantes McDonald's, con la esperanza de que les sirvieran una de las raras piezas que podían canjearse por mucho más que una Cajita Feliz o un batido. Los extasiados ganadores aparecían por lo regular en las noticias locales, y generaban publicidad gratuita a la empresa.

Por desgracia, todo era una estafa. La promoción del *Monopoly* de McDonald's estuvo amañada casi desde el principio, todo debido a una decisión de contratación asombrosamente mala.

Al estilo clásico de la subcontratación, McDonald's había optado por una empresa subcontratada para administrar los premios. Dicha empresa, a su vez, contrató a un expolicía llamado Jerome P. Jacobson como jefe de seguridad, encargado de supervisar el concurso.

Durante los quince años siguientes (sí, quince años) se desviaron más de 13 millones de dólares en premios a personas elegidas por Jacobson. Aunque los premios de escaso valor siguieron distribuyéndose al azar, casi todos los premios de mayor valor fueron a parar a sus amigos, familiares y cómplices, a cambio de una parte de las ganancias. Esto significaba que, por muchas Big Macs que compraras, si no eras socio de Jacobson no ibas a ganar los premios más valiosos. Mientras tanto, los socios de Jacobson ganaban 24 millones de dólares, unos 60 millones en dólares de hoy.

En algún momento, la mafia lo ayudó a llevar a cabo la estafa, y se amplió el círculo de posibles «ganadores», lo que desvió la atención de Jacobson.

Al final terminó cuando alguien habló. El FBI abrió una investigación, con todo y camionetas blancas y escuchas telefónicas de por medio, y acabó deteniendo a Jacobson y sus secuaces.

Cuando la saga llegó a su fin, 53 personas habían sido acusadas. Jacobson fue condenado a tres años de cárcel.

Historias como estas son más comunes de lo que crees. Y por cada historia de prevaricación empresarial que salta a los titulares, como el asunto del *Monopoly*, hay innumerables casos que pasan desapercibidos. Aunque pueden ir desde prácticas de marketing cuestionables hasta el fraude puro y duro, una cosa está clara: la mayoría de las veces el juego está amañado.

La buena noticia es que cada vez más gente encuentra formas de defenderse.

La abuela que se enfrentó a la «Gran Impresora»

Podrías argumentar que el drama de la lotería no fue culpa de McDonald's, al menos no de forma directa. Al fin y al cabo, fue la empresa subcontratada la que tomó la mala decisión de contratar a un jefe de seguridad corrupto, y la que fue laxa en su supervisión. Y al final, no fue la cadena de comida rápida favorita de Estados Unidos la que cometió fraude, sino el director de seguridad de la subcontratada.

Para Hewlett Packard, la multinacional de tecnologías de la información y fabricante de ordenadores e impresoras, la historia era otra. En lo que respecta a su línea de impresoras, HP sigue una estrategia de pérdidas consistente en vender las impresoras al precio más bajo posible e intentar compensar esos escasos márgenes de beneficio con la venta recurrente de cartuchos de tinta y tóner sobrevalorados. Es el modelo clásico de la industria de las maquinillas de afeitar, donde la maquinilla es barata, pero tendrás que seguir comprando cuchillas siempre.

Solo había un problema: el elevado precio de los cartuchos de tinta abría nuevas oportunidades para que otras empresas fabricaran cartuchos de tinta y tóner rebajados que pudieran utilizarse en las impresoras HP. Como HP gana la mayor parte de su dinero con la tinta de marca, necesita mantener esos precios altos para seguir siendo rentable, lo que significa que las marcas del mercado secundario pueden vender sus versiones por menos dinero y seguir obteniendo beneficios. (La tinta en sí es exactamente la misma: no hay razón para comprar la versión de marca, a menos que te guste darle más dinero a HP).

No es de extrañar que a HP esto no le hiciera mucha gracia. Durante años la empresa hizo todo lo posible para animar a los clientes a comprar tinta y tóner de marca, alegando que las versiones de otros fabricantes eran ineficaces o incluso dañaban la máquina. Era una estratagema furtiva que podría haber funcionado, de no haber sido por los esfuerzos de una abuela jubilada que vivía en una zona rural del estado de Washington.

DeLores Williams había comprado una impresora HP nueva para imprimir fotos de sus 14 nietos. Durante el primer año la impresora funcionó bien. De repente empezó a fallar. Williams había instalado recientemente unos cartuchos de tinta de otra marca que compró en Amazon, y tras un mes de uso ligero la impresora se negó a funcionar.

Williams sabía que no había ningún problema con la tinta que había instalado: había hecho los análisis y los cartuchos de terceros tenían muy buenas críticas. Pero no había forma de ignorar o evitar los mensajes de error que recibía cuando iba a imprimir. Cuando llamó al servicio de atención al cliente le dijeron que tendría que comprar una impresora nueva.

Eso no era lo que había que decirle a esta abuela particular. Resultó que Williams había trabajado en informática durante toda su carrera, por lo que enseguida se dio cuenta de que algo estaba mal. En lugar de darle más dinero a HP, Williams lanzó una campaña de periodismo de investigación en solitario y descubrió que HP no solo había intentado asustar a los clientes para que compraran solo su marca de tinta, sino que incluso había dedicado un esfuerzo considerable a enviar subrepticiamente actualizaciones de software que infectaban el hardware de sus propias impresoras. Las actualizaciones impedían que los cartuchos sin chip HP funcionaran en las impresoras HP, programando de hecho las máquinas para que rechazaran las marcas de otros fabricantes. En otras palabras, sus sospechas eran ciertas: se trataba de una estafa.

Por desgracia para HP, Williams tenía una misión, y como estaba jubilada, tenía mucho tiempo libre. Como resultado de sus esfuerzos, HP acabó pagando una indemnización de 1,5 millones de dólares por una demanda colectiva y publicando una nueva actualización que eliminaba las restricciones anteriores.

Si has comprado cartuchos de tinta de marcas de imitación en los últimos años, puedes dar las gracias a DeLores Williams por el ahorro. Se enfrentó a la Gran Impresora y ganó.

¿Cómo puedes vencer a un sistema que está amañado a favor de las grandes empresas? O mejor aún, ¿cómo puedes beneficiarte de sus actos malvados?

En algunos casos, la respuesta está en los datos: cuantos más, mejor.

Gánales a los corredores de apuestas

Los corredores de apuestas deportivas en línea (*bookies*) emplean a cientos de analistas. Su trabajo consiste en ganar dinero para sus empleadores a costa de todos los demás, y lo hacen muy bien.

Una de sus responsabilidades es fijar las probabilidades de los mercados de apuestas. El objetivo es hacerlo de la forma más atractiva posible para los apostadores deportivos (porque si las probabilidades de ganar parecen demasiado remotas, los clientes se llevarán su dinero a otra parte), manteniendo al mismo tiempo una ventaja suficiente para las casas de apuestas. Para los corredores de apuestas, una «línea de apuesta» ideal es similar a la ruleta de un casino: los jugadores a veces pueden salir ganando a corto plazo, pero con el juego repetido a lo largo del tiempo, la casa siempre gana.

La mayoría de las personas que apuestan seriamente en deportes desarrollan sistemas para batir las probabilidades. Gracias al poder del Big Data, estos sistemas pueden ser bastante sofisticados y a menudo se basan en una combinación de modelos matemáticos, investigación y su propio criterio. El problema es que los corredores de apuestas también hacen esto, y suelen ser mejores en ello.

En 2017 un equipo internacional de investigadores dirigido por un profesor de la Universidad de Tokio decidió intentar algo diferente: en lugar de intentar burlar a los profesionales con mejores predicciones, querían encontrar una forma de utilizar las propias predicciones de los corredores de apuestas en su contra.

El equipo se embarcó en este experimento asumiendo que las predicciones que los corredores de apuestas online incorporaban a sus modelos eran, en gran medida, correctas. Pero para estar seguros, decidieron poner a prueba esta suposición revisando cientos de miles de registros de partidos de futbol anteriores. Los resultados mostraron que, en conjunto, las probabilidades de los corredores de apuestas solían ser correctas.

A continuación, el equipo se propuso identificar lo que denominaron «apuestas mal valoradas», es decir, aquellos casos en los que algunos corredores de apuestas ofrecían apuestas que diferían significativamente del consenso.

Esto puede ocurrir por varias razones. En la mayoría de los casos, una casa de apuestas simplemente tiene demasiadas apuestas realizadas en un equipo, por lo que ofrece cuotas ligeramente mejores en el otro equipo para atraer a más apostantes y equilibrar la balanza. Otras veces quieren robar apostadores a la competencia, por lo que, una vez más, ofrecen condiciones más favorables.

La teoría del equipo era la siguiente: si apostamos en los partidos en los que las probabilidades están mal valoradas, con el tiempo ganaremos más de lo que perdamos.

Crearon un modelo informático para controlar en tiempo real las cuotas de apuestas de más de treinta casas de apuestas de cientos de partidos de todo el mundo. Tras realizar más pruebas, supieron que tenían algo entre manos. Las operaciones de práctica que realizaron mostraron de forma sistemática una rentabilidad superior a la del azar. En concreto, los beneficios obtenidos con el modelo de probabilidades mal valoradas fueron, en promedio, del 3,5 %, mientras que los beneficios de las apuestas al azar fueron, en promedio, negativos, en un 3,3 %.

Considerando una apuesta hipotética de 50 dólares en cada partido de su modelo de prueba, la estrategia arrojó un beneficio promedio de 98.865 dólares. El modelo de azar, en cambio, arrojó una pérdida media de 93.563 dólares.*

Si te parece que 5.000 dólares de beneficio no era mucho para tanto esfuerzo, ten en cuenta que estaban construyendo un modelo. Si, con el tiempo, podías ganar sistemáticamente con apuestas de 50 dólares, entonces podrías aumentar tus apuestas para obtener un 3,5 % de rentabilidad con 100 dólares, 200 dólares o más.

Estrategia media de apuestas deportivas = −3,3 % (negativo)
Estrategia de apuesta «Probabilidades erróneas» = 3,5 % (positivo)

---

* El equipo señaló: «La probabilidad de obtener una rentabilidad superior o igual a 98.865 dólares en 56.435 apuestas utilizando una estrategia de apuesta aleatoria es inferior a 1 entre mil millones». https://arxiv.org/ftp/arxiv/papers/1710/1710.02824.pdf.

Al examinar los datos históricos de las apuestas deportivas, el equipo se dio cuenta de que las probabilidades tienden a fluctuar mucho en las últimas horas antes del cierre. Resultó que, aplicando su modelo a las últimas cinco horas antes del cierre, pudieron mejorar las probabilidades y conseguir una rentabilidad del 5,5 %, más del 2 % superior a la anterior.

Hasta ahí, todo bien. El siguiente paso era probar su modelo con dinero real, y así lo hicieron.

Después tomamos Manchester

Tras abrir cuentas con docenas de corredores de apuestas online, el equipo empezó a hacer apuestas según las recomendaciones de su modelo.

Utilizando apuestas de 50 dólares por cada una, el equipo realizó 265 apuestas durante los seis meses siguientes. Al final del experimento habían conseguido un beneficio de 957,50 dólares, equivalente a un rendimiento del 8,5 % de la inversión, ¡un resultado incluso mejor que las rondas de práctica!

Lo habían conseguido: habían vencido al sistema. O, al menos, habían explotado el sistema encontrando las probabilidades mal valoradas. En lugar de intentar mejorar las predicciones de cientos de analistas profesionales, las habían tomado al pie de la letra. Ahora tenían una estrategia reproducible, junto con un importante avance en la investigación. Y lo mejor de todo, demostraron que, después de todo, la casa no siempre gana.

Atínale al precio

Los investigadores de la Universidad de Tokio se enfrentaron a los corredores de apuestas y ganaron aprovechando las apuestas mal valoradas. Pero es posible sacar provecho de las discrepancias en los precios mucho más allá del mundo de las apuestas deportivas: desde comprar acciones infravaloradas hasta esperar a que bajen los precios de los boletos de avión, pasando por conseguir un buen precio en artículos cotidianos como los lentes de contacto.

Compro lentes de contacto siempre que estoy fuera de Estados Unidos, porque el precio suele ser la mitad de lo que pago en casa. No se necesita receta ni «autorización del médico». Lo mismo ocurre con determinados medicamentos. En muchos países, muchos medicamentos que en Estados Unidos requieren receta médica, y a menudo a un precio considerable, se pueden adquirir sin receta y cuestan mucho menos.

Por supuesto, sustancias altamente adictivas y nocivas siguen estando fuera de los límites. Pero muchos medicamentos, como antidepresivos, tratamientos para el bienestar sexual e incluso fármacos contra el cáncer, están disponibles en algunos lugares. Comprar este tipo de medicamentos sin receta es menos arriesgado de lo que parece. Un farmacéutico suele responder a preguntas sobre dosis o efectos secundarios, no solo para hacer cumplir las normas sobre lo que puedes o no puedes tomar.

¿Cansado de los vendedores por teléfono? Demándalos

¿A quién le gusta recibir llamadas de vendedores por teléfono ofreciendo iPads gratis, seguros de coche o sistemas de seguridad para el hogar? A nadie, excepto a Andrew Perrong, un joven de 21 años de Huntingdon Valley, Pensilvania, que ha convertido una molestia constante en una fuente recurrente de ingresos. Acepta con alegría llamadas de vendedores por teléfono y llamadas robotizadas, y escucha sus argumentos de venta y, ni tardo ni perezoso, demanda a la empresa que está detrás de la intrusión.

Ha conseguido acuerdos con Verizon y Citibank, además de con muchas empresas más pequeñas, por violar las disposiciones de la Ley de Protección del Consumidor Telefónico, como hacer llamadas pregrabadas sin el consentimiento del destinatario, llamar a números de teléfono que figuran en la lista de «no llamar» y otras prácticas cuestionables. La mayoría de estas empresas no quieren las molestias ni la publicidad negativa de los procedimientos judiciales, así que pagan y Andrew desaparece.

Andrew se mantiene hermético sobre los resultados de su operación, pero cita «docenas» de asuntos legales en curso. Pero está claro que ha puesto nerviosos a sus oponentes.

Dan Graham, de Austin (Texas), también ha recurrido al sistema legal para vengarse de los vendedores por teléfono. Al principio no intentaba ganar dinero, tan solo estaba enfadado. En un día normal recibe más de quince llamadas no deseadas y, debido a sus compromisos laborales y familiares, no puede ignorar los números desconocidos.

Tras demasiadas interrupciones frustrantes, por fin decidió que ya estaba harto y empezó a presentar reclamaciones ante la Oficina de Buenas Prácticas Comerciales (Better Business Bureau). A partir de ahí, pasó a presentar demandas reales, por lo general ante tribunales de menor cuantía y sin abogado. En menos de un año recaudó más de 75.000 dólares.

SUEÑO PREMIUM GRATIS

Es difícil ponerle precio a una buena noche de sueño. Pero ¿y si no tuvieras que hacerlo?

Hay docenas de empresas de colchones, pero solo unos pocos fabricantes de colchones. ¿Qué significa esto? Significa que la mayoría de las marcas de colchones son simples empresas de marketing. Su trabajo consiste en convencerte de que su colchón es mejor, aunque salga exactamente de la misma cadena de montaje que las demás marcas de lujo.

Los colchones son un negocio con un alto margen de beneficios, por lo que las empresas que los venden pueden permitirse ser agresivas con el marketing y los descuentos. La mayoría de ellas tienen generosas políticas de devolución que van desde la norma del sector de «100 noches» hasta un año entero. Esto explica en gran parte que se salgan con la suya cobrando precios exorbitantes: la gente se siente menos culpable por gastarse hasta 25.000 dólares (¡no es broma!) en un colchón cuando sabe que puede devolverlo en cualquier momento dentro de esos tres primeros meses, o incluso después. Hasta que leí un artículo del *New Yorker* sobre el sector, habría supuesto que muy poca gente se molesta en devolver sus colchones después de transcurrido tanto tiempo, pero me había equivocado. Las tasas de devolución de la industria pueden ser del 15 % o más, y a las marcas no parece importarles.

De hecho, incluso te lo ponen fácil. Si solicitas una devolución, las empresas envían a alguien a recoger el colchón para que no tengas que sacarlo a la calle ni intentar meterlo en la bolsa en la que llegó. Lo mejor de todo es que los colchones devueltos suelen donarse a refugios locales, así que puedes dormir tranquilo sabiendo que tu colchón rechazado va a parar a alguien que lo necesita, en lugar de a un vertedero.

Puede que veas por dónde va esto: docenas de empresas de colchones, todas ofrecen periodos de prueba de al menos varios meses cada una. Así que, en teoría, alguien podría seguir «rentando» colchones nuevos por tiempo indefinido.

En nombre de la investigación, decidí probar el experimento. Pedí un colchón nuevo a una de las grandes empresas. Pocos días después un pesado paquete apareció en mi puerta. Tras instalar mi nuevo palacio del sueño, programé un recordatorio en mi teléfono para noventa y ocho días, dos días completos antes de que se agotara la garantía de 100 noches.

Me preocupaba encariñarme tanto con él que no quisiera devolverlo, pero entonces recordé: hay más de donde vino eso. Así que cuando se acercaba el día 98 elegí un colchón nuevo de otra empresa y pedí que llegara el mismo día en que pensaba devolver el colchón original.

Ahora estoy en el colchón número dos, otro con 100 noches de prueba. Si todo va según lo previsto, cuando leas esto debería estar en el colchón número cuatro o cinco. Seguro que al final tendré que poner fin a este experimento, pero hasta entonces dormiré gratis.

Una nota si decides intentarlo por ti mismo: asegúrate de leer atentamente la política de devoluciones antes de emprender tu propio experimento de probar un colchón de por vida. No querrás quedarte con un colchón caro que no tenías intención de adquirir.

Cómo vencer a Goliat

Vencer a un sistema amañado en tu contra no es fácil: pregúntale a ese equipo de investigadores que intentó vencer a los corredores de apuestas en su propio juego. Su investigación demostró que era matemáticamente posible ganar, e idearon una estrategia inteligente que lo demostraba. Por desgracia, ahí no acaba la historia.

Tras su victoria inicial, los investigadores no tardaron en toparse con obstáculos. Cuando el equipo fue a hacer apuestas en los partidos que su modelo recomendaba, se encontraron con limitaciones del sistema. Esto ocurría una y otra vez, con mayor frecuencia en forma de límites de apuesta. Podían poner todo el dinero que quisieran en determinadas apuestas, pero en los partidos con valor esperado positivo solo podían apostar entre 10 y 20 dólares, y a veces tan solo un dólar. Otras veces no podían hacer ninguna apuesta, y en su lugar se encontraban con un mensaje de error que decía que era necesario algún tipo de «inspección manual». Estaba claro que los corredores de apuestas iban tras ellos.

Los investigadores intentaron sortear estos obstáculos abriendo nuevas cuentas. Pero resultó que las casas de apuestas guardaban una lista de direcciones IP relacionadas con «clientes problemáticos» (es decir, los que cometían el pecado capital de ganar). Y en cuanto alguien abría una cuenta nueva con una dirección IP conocida, la cuenta se marcaba y se limitaba. Resultó que las casas de apuestas no solo eran muy hábiles para predecir los resultados de los partidos, sino también para impedir que los apostantes ganaran.

La situación parecía comparable a lo que ocurre si intentas contar cartas en Las Vegas. Es del todo legal contar cartas en una partida de blackjack, y si lo haces de la forma correcta, puedes ganar a lo grande. Pero es más fácil decirlo que hacerlo, ya que los casinos son muy buenos entrometiéndose en tu camino. Cuando el personal del casino identifica a la pequeña minoría de jugadores que consiguen ganar de manera sistemática, los jefes del lugar simple y sencillamente les prohíben jugar. Así que sí, contar cartas en Las Vegas está muy bien, pero contar cartas y ganar es inaceptable.

Después de un tiempo, el equipo de investigación optó por darlo por terminado y volver a sus verdaderos trabajos como profesores no relacionados con el juego. En la última frase de su informe escribieron: «Como las restricciones de las casas de apuestas hacían cada vez más difícil la experiencia de apostar, decidimos poner fin a nuestro experimento de apuestas».

El informe no dejaba lugar a dudas: Goliat no caería sin luchar.

ALQUILAR UN COCHE A HERTZ PUEDE LLEVARTE A LA CÁRCEL

Experto de toda la vida en viajes y programas de fidelidad, Gary Leff, por lo regular, escribe sobre ofertas de boletos de avión y consejos para hacer la maleta.

Sin embargo, hace varios años empezó a relatar algo extraño: el número de clientes de Hertz que acababan siendo detenidos, arrestados y, a veces, encarcelados durante semanas, todo ello debido a casos de confusión de identidad.

Y lo que es peor: los clientes de Hertz siguen yendo a la cárcel porque la empresa sigue acusándolos falsamente de robar sus vehículos.

Leo el blog de Gary a diario, y al principio no pensé mucho en estos misteriosos incidentes. Pero muy pronto se convirtieron en un patrón extraño demasiado difícil de ignorar.

No es exagerado decir que Hertz es responsable de cientos de detenciones falsas. Un cliente, James Tolen, fue detenido por conducir un coche que Hertz había denunciado como robado tres meses antes, ¡antes de alquilárselo! Otro cliente fue encarcelado durante seis meses después de que Hertz denunciara el robo de su coche de alquiler. En realidad lo había devuelto y había pagado íntegramente la factura. Otros han sido detenidos a punta de pistola delante de sus hijos pequeños, incluso cuando tenían la documentación del alquiler en el coche.

Quizá lo más atroz de todo sea que una clienta fue detenida cuatro veces distintas y retenida en la cárcel durante más de treinta días, donde sufrió un aborto espontáneo.

¿Cómo demonios sigue ocurriendo esto? Lo creas o no, los directivos de Hertz no tienen una buena respuesta, ni siquiera una respuesta real. Lo mejor que se les ha ocurrido es: «Sí, es un problema que afecta a todo el sector», pero solo a sus clientes, así que no.*

Por fin, a finales de 2022, la empresa acordó pagar 168 millones de dólares para resolver 364 demandas relacionadas con estas detenciones falsas. Otros litigantes (¡sí, hay más!) que optaron por no participar en la demanda colectiva siguen adelante con sus reclamaciones.

Lección: si alquilas un coche a Hertz, prepárate para ir a la cárcel. Aunque es posible que, con el tiempo, puedas beneficiarte de ello.

La Revolución del Dinero consiste en luchar contra un sistema amañado a favor de las grandes empresas y en contra de los creadores de a pie. ¿No quieres que te detengan por conducir un coche de alquiler que has pagado? Prueba a utilizar un servicio entre iguales en lugar de una empresa que posee y controla su propia flota. ¿Harto de cómo los corredores de apuestas deportivas amañan las probabilidades a su favor? Aprende a utilizar los sitios de apuestas de blockchain que mencionamos en el tercer capítulo.

En cuanto a McDonald's, parece que no puede mantenerse al margen de los problemas. Mientras terminaba este libro, la empresa proseguía su batalla legal con Jeremy O'Sullivan y Melissa Nelson, los propietarios del servicio que ayudó a devolver el poder de los helados a las manos de los franquiciados de McDonald's. O'Sullivan y Nelson han presentado una demanda, alegando que McDonald's y Taylor (su proveedor que presta servicio a las máquinas) se confabularon para mantener fuera del mercado un producto mucho mejor. Piden un juicio con jurado y «no menos» de 900 millones de dólares por daños y perjuicios.

---

* De nuevo, ¡no me lo invento! Parece increíble, pero está bien documentado. Además, la clienta que sufrió un aborto mientras estaba falsamente encarcelada era miembro Platinum de Hertz.

10

No informes, transforma

Concepto: La educación en línea ha cambiado. Ya no basta con proporcionar información y esperar que los alumnos aprendan por sí mismos. En su lugar, los educadores con más éxito son los que se centran en crear experiencias transformadoras.

Woniya Thibeault se pasa el día cosiendo ropa con pieles de animales. Es una líder del «movimiento de habilidades primitivas», que valora la autosuficiencia total en entornos salvajes.

Llevaba más de veinte años ganándose la vida como profesora de «técnicas ancestrales» en granjas rurales de Oregón y Wisconsin. Durante gran parte de ese tiempo sus programas sirvieron a una pequeña comunidad de personas amantes de las actividades al aire libre. Ahora, sin embargo, la mayoría de sus alumnos son profesionales urbanos que quieren sumergirse en la vida silvestre, y aprender habilidades como curtir pieles, afilar pedernales y descifrar el lenguaje de los pájaros.

Dos cosas hicieron que su pequeño grupo de seguidores se convirtiera en uno muy grande: un *reality show* y la pandemia mundial.

En la serie de televisión *Alone*, los concursantes son abandonados en medio de la naturaleza, donde deben sobrevivir a la intemperie durante meses. En cualquier momento pueden «abandonar» para ser rescatados por un helicóptero, pero el que aguante hasta el final gana un gran premio en efectivo. (Al tratarse de un *reality show*, los concursantes también reciben varias cámaras, junto con la dirección para grabar sus intentos de buscar bayas y eludir a los osos grizzly).

Thibeault se unió al elenco de concursantes de la sexta temporada, y tras setenta y tres días terminó su estancia en el Círculo Polar Ártico. Luego volvió para una temporada especial de «estrellas», en la que se convirtió en la primera mujer en ganar, al tiempo que establecía el récord de días acumulados sola en la naturaleza.

La primera temporada en la que apareció Thibeault se emitió en 2020, justo cuando la pandemia estaba en pleno apogeo. Más de tres millones de personas vieron el programa ese año, lo que puso a Thibeault bajo los reflectores.

Ahora ofrece una serie de experiencias en línea para su creciente base de seguidores, incluida una suscripción a Patreon y varios cursos a la carta. La experiencia estrella, sin embargo, es un curso basado en grupos que imparte dos veces al año. Se llama Buckskin Revolution Academy, que es más o menos exactamente lo que parece.

La inscripción en el curso estrella cuesta 287 dólares y cada vez que se abre se agota con rapidez. ¿Quieres saber cómo comer animales atropellados de forma segura? Ella te lo explica. ¿Necesitas encender un fuego sin cerillos? Eso en la segunda semana.

En otro curso, con un precio de solo 92 dólares, los alumnos pueden aprender los fundamentos de la costura de piel de ante. Los que deseen llevar sus habilidades con la piel de gamo al siguiente nivel pueden apuntarse a un curso sobre cómo transformar pieles de ciervo crudas en «piel de gamo curtida en los jugos naturales del animal». Durante esta experiencia de tres días, «todos participarán de forma práctica en cada fase del curtido, incluida la preparación de la piel, el raspado, el aderezo, el ablandado y el ahumado», según la descripción del curso. La Buckskin Revolution Academy creció a pasos agigantados durante la pandemia. No solo la gente se sentía más cómoda reuniéndose a distancia, sino que, de repente, el deseo de aprender técnicas de supervivencia parecía más urgente. El anhelo de conectar con la naturaleza, ya fuera como habilidad, afición o plan de reserva para el apocalipsis, explotó.

A medida que su fama y sus seguidores crecían, Thibeault se dedicó a un tipo por completo distinto de educación en técnicas de supervivencia, que incluye servicios de consultoría para aspirantes a concursantes de *Alone*, así como consultoría para autores, productores y cineastas «que trabajan para crear un libro, un programa de televisión, una película o algo similar que incluya aspectos de la supervivencia en la naturaleza, técnicas ancestrales, la agricultura familiar o la vida fuera de la red».

Cursos online masivos que nadie termina

En 2008 la enseñanza superior fue hackeada. O al menos eso es lo que le pareció a cualquiera que leyera los desalentadores artículos de los principales medios de comunicación que describían la popularidad de una nueva innovación: los cursos online masivos y abiertos. Conocidos como MOOC (*massive open online courses*), estos cursos eran gratuitos, abiertos a cualquiera e impartidos por profesores de algunas de las universidades más prestigiosas del mundo. Y como eran virtuales y no tenían las limitaciones espaciales de un aula física, un curso podía atraer a decenas de miles de ávidos inscritos, y muchos lo hicieron.

En algunos casos, cientos de miles de estudiantes se apuntaron a un solo curso. Un profesor chino que impartía clases a más de 50.000 alumnos al trimestre quedó tan cautivado por este nuevo modelo que acabó dejando su trabajo para dirigir el curso de tiempo completo.

El modelo MOOC fue pionero en la Universidad de Manitoba en 2008, y pronto creció hasta incluir ofertas de Harvard, Stanford, el MIT y muchas otras instituciones de todo el mundo. En algunos casos, los cursos se facturaron incluso como equivalentes a la educación emblemática de una universidad, los mismos que requieren solicitudes muy competitivas para la experiencia presencial. Solo estas versiones estaban disponibles para cualquiera que dedicara 10 minutos de su día a inscribirse.

Conoces el dicho «el conocimiento es poder». Pues bien, ¡ahora el poder se había democratizado! Cualquiera podía ahora obtener una educación de Harvard a la carta, gratis. Seguramente todas esas universidades de la vieja escuela quebrarían pronto, y la paz en la tierra se acercaba.

Se suponía que los MOOC iban a amenazar el mundo de la enseñanza superior, y durante un breve periodo en cierto modo lo hicieron. Pero a la larga resultaron ser mucho menos revolucionarios de lo previsto.

A las instituciones que permitían que sus contenidos se transmitieran de forma gratuita les preocupaba que los MOOC devaluaran la experiencia presencial, es decir, esa experiencia que vendían por 40.000 dólares o más al año a los estudiantes jóvenes y tradicionales que asistían al campus. Pero resultó que estaban preocupados por algo equivocado.

El hecho de que cualquiera pudiera asistir gratis a todas las clases del MIT por internet no dio lugar a que menos personas quisieran asistir al MIT. En todo caso, las clases gratuitas actuaron como una herramienta de generación de oportunidades que hizo que más personas se interesaran por solicitar plaza.

Está claro que algo salió mal.

¿Fue solo porque eran gratis? (No)

¿Y qué ocurrió? En resumen, el bombo publicitario pronto se esfumó. Los MOOC eran revolucionarios en teoría, pero en la práctica revelaron un problema evidente.

Eran los mejores cursos, impartidos por los profesores más cotizados, en instituciones altamente selectivas. Podías cursarlos gratis. Podías verlos en una tableta o smartphone. Era increíble lo fácil que parecía.

Y muy pocos estudiantes los terminaban. La gran mayoría, a veces más del 95 %, no volvía después de ver un par de clases introductorias, y en algunos casos solo una cuarta parte de las personas que compraron un curso a la carta llegaron a conectarse. Los estudios sitúan sistemáticamente la tasa media de finalización de los MOOC entre el 5 y el 15 %. Piensa en lo bajo que es eso: hasta 19 de cada 20 estudiantes desertan.

En comparación, algo así como el 60 % de los estudiantes que se matriculan en la universidad terminan sus estudios. Incluso entre los colegios comunitarios, que por lo regular atienden a estudiantes no tradicionales que hacen malabarismos con trabajos de tiempo completo y el cuidado de los niños, la tasa de graduación ronda el 40 %.

Eso es para toda una carrera, pero para un solo curso ofrecido a través de las «revolucionarias» plataformas de educación gratuita los índices de finalización eran una fracción de eso. Tan fácil como asistir a un curso era matricularse y no presentarse.

En aquel momento muchos atribuyeron la pésima tasa de finalización al hecho de que los MOOC suelen ser gratuitos, por lo que cualquiera puede apuntarse por capricho sin ningún incentivo para completarlos. Esta teoría tiene un sentido intuitivo: cuando descubrí por primera vez Coursera, que ofrece un gran número de cursos introductorios de profesores universitarios altamente cualificados, me encantó la idea. Me apunté a un curso de historia universal que seguí diligentemente hasta el final.

Luego me apunté a uno sobre derecho constitucional y a otro sobre codificación de Python. No pasé del segundo vídeo de ninguno de los dos. ¿Por qué iba a hacerlo? Si me aburría, había muchos otros para elegir.

Uno pensaría que el hecho de participar en el juego podría marcar la diferencia. Quizá si hubiera tenido que pagar algo por mis cursos de derecho constitucional o de Python, no los habría abandonado tan pronto.

Pero poner un precio a los cursos no aumenta los índices de finalización de la forma que se podría esperar. Resulta que, aunque paguen un buen dinero, muchas personas que se matriculan en cursos online no llegan a completarlos. De hecho, no es la excepción, sino la regla.

A primera vista parece extraño: ¿por qué iba la gente a gastarse un montón de dinero en productos educativos que no utiliza? Por otra parte, no es más extraño que pagar 100 dólares al mes por una suscripción a un gimnasio que acabas utilizando solo una o dos veces al año.

Yo también he estado en el otro lado, como alguien que ha impartido y vendido montones de cursos. En mis primeros días como creador de cursos a veces iba a ayudar con una solicitud de restablecimiento de contraseña, solo para descubrir que el comprador nunca había establecido una contraseña en primer lugar. Esto parecía inusual, sobre todo en los casos en los que había pasado más de un año desde que hicieron la compra.

Pero tengo que admitir que yo he hecho casi lo mismo como estudiante. Una vez compré un curso de marketing que costaba más de mil dólares, y nunca vi nada de él. Lo sé, suena terrible. Incluso me da un poco de vergüenza compartir esta historia, pero al menos sé que no soy el único.

El problema es que la propia ventaja de la educación a la carta («¡Cómpralo ahora y accede a él en cualquier momento!») es también una barrera para consumir el contenido y hacer el trabajo. Como puedes acceder a la información a la carta cuando quieras, tiendes a dejarla para después, sobre todo en el caso del aprendizaje a tu ritmo, en el que no hay nadie mirando por encima de tu hombro ni haciendo un seguimiento de tu progreso.

Las buenas intenciones no bastan para lograr un cambio duradero. Y ante la disyuntiva de ver vídeos de cursos educativos o pegarse un atracón con la última serie de la televisión, quizá sea natural que la gente tienda a aplazar la experiencia del curso una y otra vez.

Transformación, no información

Aunque los beneficios de los MOOC no cambiaron tanto la vida como se prometió, es justo decir que resolvieron el problema de la «democratización de la información», al menos hasta cierto punto. El problema es que para aprender algo de verdad, la mera información rara vez es suficiente.

Imagina que tienes el objetivo de aprender por fin a hablar español. Compras un publicitado programa de idiomas, y te comprometes a hacer una inversión en ti mismo. Entonces, de algún modo, te desvías del camino. Puede que te aburras, o puede que te des cuenta de que no vas a dominar el idioma nada más por haber comprado ese programa online. Ahora te sientes peor que antes de empezar, pero no dices nada ni pides que te devuelvan el dinero, porque asumes que es culpa tuya.

Si estás haciendo programas de aprendizaje de idiomas para venderlos, puedes aceptar que así es como les va a muchos compradores. O puedes preguntarte: ¿qué pasaría si hicieras todo lo posible para ayudar a tus compradores a tener éxito?

Podrías empezar con un sólido plan de captación, asegurándote de que los alumnos se instalan rápidamente y se lanzan de inmediato a la primera lección. Podrías añadir elementos de gamificación, para que ganen insignias por completar las lecciones en un tiempo determinado. Podrías establecer un proceso de comunicación y seguimiento, en el que tú o un asistente se pongan en contacto con ellos de forma regular para ver cómo les va. Ninguna de estas soluciones resuelve todos los problemas, pero todas ayudan.

Al final, habrías creado mucho más valor. No te habrías limitado a entregar un montón de información, habrías ayudado a alguien a conseguir un objetivo importante. ¡Genial!

A su vez, tus alumnos se convertirían en tus embajadores.

—¡Tu español es increíble! —dirían sus amigos.

—¡Gracias! —responderían—. Este increíble programa que compré me ha ayudado mucho…

—Guau, ¿cómo se llama?

—Mira, te comparto el enlace…

Este es el cambio hacia el que se dirige la educación en línea: la transformación por encima de la información. Los creadores que entienden este principio están en posición de triunfar.

Educación en línea: de la Edad de Piedra a la actualidad

El mundo de la creación de cursos individuales ha pasado por una serie de etapas. Podemos etiquetarlas de la siguiente manera: Edad de Piedra, Mercado, Conjunto de Herramientas, y ahora basados en grupos.

Edad de Piedra: *Bueno para los primeros creadores*

Los primeros tiempos de la educación en línea fueron buenos para ser creador. Algunos productos se vendían increíblemente bien. Joel Runyon, un amigo mío, obtuvo unos ingresos de seis cifras durante varios años gracias a la venta de un libro electrónico sobre cómo conseguir unos abdominales «imposibles». Eso era todo: una vez que lo había escrito y publicado, no hacía nada, además de cobrar los pagos y responder ocasionalmente a las preguntas de soporte.

Otro amigo vendía ebooks sobre cómo escribir ebooks, la última gran jugada, y también sacaba un montón de dinero. Hoy en día, como habrás adivinado, ganar dinero con «e-products» ya no es lo que era. Al fin y al cabo, para los que quieren ponerse musculosos, la misma información está disponible de forma gratuita en unos cuantos vídeos cortos de YouTube. El libro de abdominales de Joel era el producto adecuado en el momento adecuado, pero el tiempo y la tecnología han seguido avanzando.

Edad de Bronce: *Bueno para las plataformas, más o menos bueno para los creadores*

Después llegaron plataformas como Udacity, Skillshare, Coursera, CreativeLive y otras, en las que montones de creadores individuales podían poner a la venta su talento. Las plataformas comercializarían y alojarían los cursos, pagando al creador una parte de los ingresos y quedándose para sí una parte mucho mayor.*

Pero las plataformas se beneficiaron más que los creadores individuales. En todo caso, los objetivos de creadores y plataformas estaban reñidos. Las plataformas, por lo general, estaban financiadas por capital de riesgo y querían ante todo aumentar su base de usuarios. Los creadores eran en esencia subcontratistas que permitían este crecimiento. Su razonamiento era que cuantos más creadores acogieran, más usuarios atraerían. Y tal vez tenían razón, al menos al principio. Pero quienes se llevaron la peor parte de esta estrategia fueron los propios creadores. Si ofreces una clase sobre acolchado de camisetas o afinación de tambores, y la plataforma que la aloja sigue añadiendo más y más cursos sobre el mismo tema, tu parte del beneficio acabará diluyéndose.

Por supuesto, a los creadores no les gustaba la naturaleza transaccional de esta relación (ni el desequilibrado reparto de beneficios), pero tampoco tenían muchas más opciones. Las plataformas facilitaron algunas cosas y les permitieron llegar a más estudiantes, al menos potencialmente. Algunas de ellas acabaron haciéndolo muy bien. A muchas otras les fue solo bien.

Edad de Hierro: *Mejor para los creadores, pero aún no es perfecta*

Al reconocer ese desequilibrio, una nueva oleada de startups se comprometió a servir a los creadores, dándoles (bueno, vendiéndoles) las herramientas que necesitaban para apropiarse de una mayor parte del proceso de creación de cursos, así como de una mayor parte de los beneficios.

Estas empresas, Thinkific, Teachable, ConvertKit, por nombrar algunas, escalaban sus precios en función del uso, de modo que los

* En algunos casos, los creadores ganan tan solo el 5 % de los beneficios de las plataformas de mercado.

creadores de éxito pagaban tarifas más elevadas, pero presumiblemente obtenían ingresos más que suficientes para compensar el coste. En resumen, los creadores tenían más control.

Hasta aquí todo bien…, pero faltaba algo.

¿Qué falta? ¡Estudiantes!

Había un problema más que ninguno de estos modelos abordaba de forma directa. Ninguno de ellos se centraba en lo que en verdad querían los alumnos online.

Solía pensar que la «comodidad» de los cursos online era por lo que la gente estaba dispuesta a pagar, pero no estoy seguro de que esa suposición se haya mantenido. Claro que la comodidad tiene valor, pero no llega a ser una ventaja competitiva. Del mismo modo que Amazon ha convertido el envío rápido y gratuito en la norma («¿Cómo que tardará una semana en llegar?»), la posibilidad de consumir contenidos donde y cuando quieras es ahora una norma esperada.

Ahora estamos en una cuarta fase de la creación de contenidos educativos en la que los ganadores son los que ofrecen algo mucho más valioso que un acceso cómodo y fácil a la información. Son los que se esfuerzan por crear experiencias transformadoras para sus alumnos.

Lo que importa ahora en la educación en línea es el impacto. No solo se trata de ofrecer información precisa; se trata de asegurar que la información relevante pueda ser absorbida y aplicada.

Los días en que se vendían cientos de miles de dólares en libros electrónicos sobre abdominales marcados se han acabado, al menos para la mayoría de la gente. Pero el mercado del aprendizaje electrónico está lejos de estar muerto: según una estimación, pronto alcanzará los 325.000 millones de dólares al año.

Los creadores de cursos con más éxito de la actualidad creen que el modelo de curso basado en grupos o cohortes combina las ventajas de la etapa de herramientas con un enfoque orientado a ayudar a los estudiantes a conseguir los resultados deseados.

Veamos a un creador que vio venir este cambio y se metió de lleno en él.

Construir un segundo cerebro

Tiago Forte podría haber sido diplomático, y casi lo fue. Creció en un hogar mitad brasileño y mitad filipino en el condado de Orange, aprendió varios idiomas y estudió diversas asignaturas. Tras graduarse en la universidad, sirvió en el Cuerpo de Paz durante dos años, y luego se puso a trabajar como analista junior para una startup francesa.

En todo este proceso, siempre volvía al mismo tema: el amor por el conocimiento, pero una sensación de agobio al gestionarlo todo. A Tiago le encantaba aprender, pero se sentía frustrado por los pocos conocimientos que solía retener. «Sentimos la presión de mejorar constantemente —escribió en un blog—, pero gran parte de lo que consumimos nos entra por un oído y nos sale por el otro». Entonces se propuso crear un sistema que le ayudara a mantenerse al día con toda la información que absorbía.

Mientras esto ocurría, Tiago afrontaba una misteriosa enfermedad que había aparecido de repente. Visitó a un médico tras otro en una serie de interminables derivaciones, pero ninguno consiguió dar con un diagnóstico, y mucho menos con una cura. En algún momento empezó a investigar por su cuenta.

Habló con especialistas, leyó revistas médicas e hizo innumerables pruebas diagnósticas. No existía un archivo central de todas las consultas médicas que había tenido, así que creó uno escaneando sus historiales médicos junto con años de sus propias notas y observaciones, y etiquetó todo el contenido para que fuera más fácil recuperar una parte de la información siempre que se necesitara. Esta experiencia lo llevó a pensar más seriamente en el campo de la gestión del conocimiento personal, y pronto creó un sistema para gestionar cantidades abrumadoras de información.

Tras recibir el apoyo de sus colegas, decidió crear un curso sobre el método. Lo que al principio era solo una prueba de concepto pronto se convirtió en algo mucho más grande: un curso basado en grupos de gran expansión llamado Construir un segundo cerebro.

El curso se construyó centrándose en las interacciones en tiempo real con los alumnos, en contraposición con el material pregrabado. «Con el modelo de enseñanza en directo no hay donde esconderse», me dijo Tiago. También asignó a los alumnos a pequeños grupos en los que podían comunicarse entre sí, incluso en medio de una clase. En términos de startup: la responsabilidad se convirtió en una ventaja competitiva.

A medida que organizaba grupos o cursos adicionales, cada vez se apuntaba más gente. Entonces, como la mayoría de la gente se quedaba encerrada en casa durante gran parte de 2020, el negocio se disparó. En una convocatoria tuvo más de mil alumnos de paga.

La matrícula comienza en 1.500 dólares y existe la opción de pagar más por niveles superiores que ofrecen un apoyo más personalizado. Desde el punto de vista económico, esto supone millones de dólares, y todo por un curso online que ofrece solo dos o tres veces al año.

LOS MEJORES VÍDEOS DE GATOS EN 30 DÍAS

¿Tus vídeos de gatos tienen imágenes borrosas o los sujetos no cooperan? ¡El nuevo curso Los mejores vídeos de gatos en 30 días te ayudará!

El curso consta de:

- 12 módulos de vídeo a la carta (ver miauahora o más tarde)
- 5 reuniones semanales de zoom («pregúntame lo que quieras»)
- Seguimiento a los 60 días del curso
- Una comunidad privada para compartir consejos, historias y recetas con hierba gatera

Al final del curso habrás adquirido una cantidad increíble de conocimientos y te sentirás más seguro de tus habilidades videográficas.

Precio: 10.000 dólares

¡Inscríbete ahora y prepárate para volverte viral!

¿Quieres impartir un curso basado en grupos o cohortes? Conviértete en Maven

Maven.com es tanto un programa acelerador para aspirantes a creadores de cursos como una plataforma que ofrece numerosos cursos basados en cohortes para los usuarios. Cuando te formas en Maven, adquieres la capacidad de comercializar tus cursos de forma directa a su gran comunidad de usuarios. (Maven, por supuesto, se lleva una parte de tus ganancias).

La plataforma está centrada en la tecnología y las startups, pero también incluye otras opciones como el aprendizaje de idiomas o el crecimiento de una marca personal. Algunos ejemplos:

- Explicación sencilla de estados financieros
- Curso intensivo de investigación de usuarios
- Medir el rendimiento del equipo de desarrollo
- Conviértete en Líder Web3
- Escritura social impactante

Todos estos cursos se basan en cohortes, lo que significa que los usuarios se inscriben para una fecha concreta de inicio y finalización, y luego se reúnen regularmente en línea para seguir juntos el curso.

Cómo transformar la vida de las personas

Llegados a este punto, puede que estés pensando: «Genial, todo lo que tengo que hacer es descubrir cómo transformar la vida de la gente, ¡y entonces estaré listo!». Bueno, quizá suene intimidante cuando lo planteas así, pero en realidad no es tan difícil. Las características del aprendizaje transformador están lejos de ser esquivas. Podemos identificarlas aquí mismo.

1) **Trabaja con la mentalidad de «el alumno primero».** En cada paso del proceso piensa: «¿Qué es lo mejor para los alumnos?». Cuando elijas un tema, no te preguntes: «¿Qué es lo que más me interesa enseñar?». En lugar de eso, pregúntate: «¿Qué quieren aprender los demás?».

Los mejores temas tienen un beneficio claramente definido. Los temas que pueden aplicarse en el lugar de trabajo siempre son buenos, sobre todo porque las empresas pueden, en ocasiones, pagar por esos cursos.

El beneficio que aporte tu curso también influirá en el precio que puedas cobrar. Es probable que puedas cobrar más por un curso en línea que ayude a los operadores de fondos de cobertura a ser más eficaces en la selección de valores tecnológicos, por ejemplo, que por uno que enseñe a los aspirantes a artesanos a tejer calcetines.

Recuerda a Miss Excel, la sensación de las redes sociales que está ganando millones con cursos sobre el uso de hojas de cálculo: sus cursos proporcionan un beneficio claro (más productividad, menos frustración) que hace que sea fácil cobrar una prima.

2) **Céntrate en los resultados.** Una vez que sepas lo que quieres enseñar, el siguiente paso es dividir el material en una serie de lecciones modulares.

La mayoría de las lecciones consisten en un medio para compartir el material (normalmente clases en vídeo) junto con algunos materiales complementarios que pueden entregarse en diversos formatos.

Una forma de mantener el énfasis en los resultados es tener un objetivo concreto (o «resultado del aprendizaje») en cada lección, vídeo, debate en clase u otro componente del curso. A menudo se formula así:

«Después de ver este breve vídeo, los alumnos serán capaces de [hacer algo específico]».

Los resultados del aprendizaje deben ser breves y graduales. Si tu curso trata sobre finanzas personales, un resultado del aprendizaje para un módulo podría ser «los alumnos aprenderán a depositar directamente una parte de su nómina en una cuenta de ahorro para su jubilación».

No quieres un resultado para un solo módulo como «Los alumnos aprenderán a hacer y mantener un presupuesto». Hay muchos pasos en un proceso como ese, y si te ciñes a un único objetivo por vídeo (o módulo, lección, debate, etc.), los alumnos tendrán una sensación de logro después de cada uno que terminen.

3) **No abarques demasiado.** Si quieres que un curso basado en cohortes tenga éxito tienes que transferir una habilidad o conjunto de conocimientos de tu cabeza a tus alumnos. Pero fíjate en que he dicho una habilidad o conjunto de conocimientos, no docenas de habilidades o conjuntos de conocimientos. Resiste la tentación de enseñarles todo lo que sabes sobre un tema. A menos que hayan comprado un curso sobre remodelación de casas, ¡no quieren el fregadero de la cocina!

Puedes tener la tentación de «ir más allá» o de presumir de todos tus conocimientos avanzados, pero no hay duda de que es mucho mejor darle a la gente lo básico que necesita. El objetivo es la calidad del aprendizaje, no la cantidad. Al mismo tiempo, no des por sentado que tus alumnos vienen con conocimientos preexistentes sobre el tema más allá de los que tendría una persona normal. Que algo sea obvio para ti no significa que lo sea para tus alumnos: por eso tú impartes el curso y ellos lo siguen.

Recuerda, no se trata de ti, ¡se trata de ellos! Tus resultados dependerán en última instancia de tu capacidad para ofrecerles resultados.

4) **Mantente presente.** No basta con aparecer para impartir el curso; también debes estar disponible para dar respuesta a las preguntas, publicar actualizaciones y, en general, estar presente para que los niveles de motivación de los alumnos se mantengan altos.

Cuando hice el curso de Tiago Construir un segundo cerebro, me sorprendió la cantidad de gente que asistía a las clases semanales, sobre todo porque algunos eran antiguos alumnos que ya habían estudiado el material.

Fue entonces cuando me di cuenta de que los alumnos no solo acudían para aprender (o reaprender) las técnicas específicas. También venían por la sensación de comunidad y conexión que Tiago creaba, algo que no se puede fingir.

El aspecto comunitario de los cursos basados en cohortes es fundamental. Así que, además de estar presente para tus alumnos, considera la posibilidad de ofrecer reuniones online periódicas en las que los participantes puedan hacer preguntas y convivir unos con otros.

5) **Céntrate en contar historias.** Este principio se aplica tanto a los vídeos que grabas para el curso como a los que haces para marketing. Publicar un par de veces en las redes sociales y esperar a que lluevan las inscripciones no es una estrategia de marketing eficaz. Sé apasionado y explica de forma clara qué problema resolverá tu curso, y por qué alguien debería pasar a la acción y apuntarse.

Para el curso en sí, desarrolla un arco narrativo que lleve a tus alumnos en un viaje desde el problema hasta la solución. En su *Academia Buckskin*, Woniya Thibeault cuenta una historia de autosuficiencia y conexión con el mundo natural a lo largo del curso. El objetivo es que los alumnos recuerden lo que los inspiró a apuntarse al curso en primer lugar a medida que avanzan por cada módulo.

UN BREVE CURSO SOBRE LA CREACIÓN DE MATERIALES PARA CURSOS

Una vez que tengas tu tema y hayas decidido cómo lo vas a exponer, ahora tienes que ponerte manos a la obra.

Dependiendo de lo que vayas a enseñar, este proceso puede llevar desde una semana hasta varios meses. Pero cuanto más puedas dividirlo en una serie de listas de control, más fácil te resultará.

Por ejemplo, si vas a hacer una serie de vídeos necesitarás:

- Hacer una lista de cada vídeo.
- Crear un resultado de aprendizaje para cada vídeo (¿qué sabrán hacer los alumnos después de verlo?).
- Escribir un guion para cada video (no intentes «improvisar»).
- Decidir cómo filmarás cada vídeo.
- Ensayar, filmar y editar cada vídeo.
- Añadir vídeos a la interfaz del curso donde los alumnos puedan acceder a ellos.
- Publicar un calendario de cuándo se publicará cada vídeo.
- Planificar las sesiones en directo, incluyendo guiones o al menos un esquema detallado de lo que piensas enseñar.

Es bueno que sea difícil (si no cualquiera lo haría)

Las barreras para ganar dinero a través de la educación en línea nunca han sido tan bajas. Pero, al mismo tiempo, el listón de la calidad se ha elevado, ¡y eso es bueno! Claro que cuesta mucho más trabajo diseñar un curso totalmente inmersivo, pero cuando lo haces, los alumnos aprenden de verdad.

Como educador en línea que quiere cobrar por los cursos que crea, tienes un par de opciones: *a)* ofrecer una experiencia mediocre y esperar que nadie se dé cuenta, o *b)* estudiar qué hace que una experiencia de aprendizaje en línea sea excelente, y darle tu propio giro creativo.

Elige la opción *b*, y podrás cobrar precios más altos, con la seguridad de que no es el bombo publicitario lo que está vendiendo tu experiencia, sino la transformación que proporcionas. Cuanto más pienses en el diseño de tu curso, más difícil será copiarlo, porque tiene tu sello personalísimo.

Si lo haces bien, habrás construido un foso, por utilizar otro término de las startups, que sirve de barrera contra la competencia. Construir un foso puede llevar mucho tiempo. Pero una vez construido estarás protegido de la competencia y preparado para prosperar.

11

Para acabar con el capitalismo, compra este libro

Concepto: Las encuestas muestran que el capitalismo es tan popular como una endodoncia para la mayoría de los chicos de la Generación Z, que rechazan el tradicional intercambio de trabajo por salario. El movimiento «antitrabajo» pretende reequilibrar el poder entre empresarios y empleados, y otros intentan poner en marcha la economía del trueque. Mientras tanto, un ejército de comerciantes aficionados adopta un enfoque diferente de la redistribución de la riqueza y el poder.

En el verano de 2020, una mujer negra llamada Moirha Smith creó un Google Doc en el que otras personas negras podían añadir sus nombres para recibir pagos voluntarios de personas blancas: un experimento de «Reparaciones DIY», por sus siglas en inglés *Do it yourself* o hágalo usted mismo, como lo llamó más tarde un episodio de NPR.

Era el verano en que las protestas de Black Lives Matter (las Vidas Negras Importan) se sucedían por todas partes. En Vermont, el estado más blanco de Estados Unidos, la mayoría de los manifestantes eran blancos. Moirha Smith sintió que algunos de los manifestantes estaban en la calle no porque quisieran trabajar por un cambio sistemático, sino porque «era lo de moda». Así que, junto con algunos amigos, decidió lanzar un reto a los blancos, invitándolos a pasar del dicho al hecho y a poner dinero en su discurso y hacer donativos directamente a los negros de Vermont.

Durante los sesenta días siguientes se produjeron decenas de miles de dólares de «transferencias de riqueza», así como muchas conversaciones domésticas difíciles pero importantes sobre lo que los estadounidenses blancos deben a los descendientes de antiguos esclavos.

Por supuesto, redistribuir la riqueza mediante un documento de Google no es probablemente la mejor manera (o la más escalable) de reparar cientos de años de injusticia racial. Además, se supone que las reparaciones deben venir del gobierno, ¿no? Cabría pensar que se trata de otra campaña para sentirse bien que no aborda un problema de raíz.

Otra posibilidad es que te impresione la creatividad y audacia del esfuerzo. No fue perfecto, pero hizo pensar a mucha gente. Además, las reparaciones del gobierno no van a llegar pronto, y este movimiento aportó mucho dinero en poco tiempo.

En la era del capitalismo digital, el financiamiento colectivo se ha reconfigurado hasta el punto de que la campaña adecuada puede atraer a hordas de patrocinadores y entusiastas. En un caso, una activista se apresuró a crear una fundación después de que su campaña de crowdfunding obtuviera más de 100.000 dólares en donaciones a través de sus cuentas personales de PayPal y Venmo.

En este entorno, las campañas con causa pueden cobrar vida propia. He aquí un ejemplo muy diferente: Brian Kolfage, veterano de las Fuerzas Aéreas y partidario de Trump, inició su propia recaudación de fondos «Construye un muro» en un intento de ayudar a financiar la quijotesca obsesión del expresidente. Kolfage recaudó mucho, mucho más de lo que había previsto (25 millones de dólares, para ser exactos), pero acabó siendo acusado, junto con Steve Bannon, de estafar a los patrocinadores de su campaña.

Estos objetivos («Transferir la riqueza generacional» y «Construir el muro fronterizo de Trump») son ideológicamente casi opuestos, pero tenían algo en común: cada uno de ellos aprovechaba creencias poderosas, incluso fervientes, entre los grupos en los que encontraban apoyo. Luego aprovecharon esas emociones exacerbadas para recaudar con celeridad grandes sumas de dinero.

Hablemos del capitalismo

Mientras trabajaba en este libro, no dejaba de observar cómo los cambios tecnológicos acompañan a los cambios de actitud hacia el orden económico imperante. (No siempre estaba claro en qué orden).

La pandemia provocó la mayor reorganización del empleo de la historia mundial. Industrias enteras quedaron obsoletas, algunas de forma temporal y otras permanentemente, y millones de trabajadores fueron enviados a casa. Alrededor del mundo, gobiernos lanzaron paquetes de estímulo por valor de miles de millones de dólares. ¡Llovió dinero del cielo!

La Gran Dimisión fue una respuesta directa tanto a la pandemia como al estímulo del financiamiento. Con un virus mortal y misterioso suelto, y al menos un cheque de bonificación inesperado en sus cuentas bancarias, mucha gente utilizó la experiencia para reinventarse y encontrar un sentido a su vida. A raíz de las protestas de Black Lives Matter, campañas como «DIY Reparations» de Vermont adquirieron una importancia desmesurada.

Luego vino la «Renuncia Silenciosa», en la que los trabajadores seguían yendo a trabajar, pero solo hacían lo mínimo exigido. Ir más allá de los límites era algo tan del año pasado. Mientras tanto, los sindicatos de trabajo volvían a estar de moda, con los esfuerzos de sindicalización de empresas como Amazon y Starbucks, que impulsaron la organización sindical en todo el país.

Todos estos acontecimientos pusieron sobre aviso a los empresarios para que dejaran de dar por sentados a los trabajadores. Mientras tanto, la propia definición de trabajo se hizo aún más confusa.

Fue entonces cuando me di cuenta de otra cosa: mucha gente pensaba de forma diferente sobre el capitalismo.

Trabajar o no trabajar

El movimiento conocido como Antitrabajo tiene millones de seguidores en Reddit. Existe «para acabar con el trabajo», o al menos para apoyar las conversaciones en torno a ese tema. Las publicaciones en el subreddit presentan historias de terror de jefes que imponen exigencias irracionales a los empleados, sobre todo en trabajos con salarios bajos, y los hilos de comentarios están dominados por consejos y apoyo a los trabajadores, animándolos, por lo general, a hacer lo menos posible sin que los despidan. (O, a veces, a que los despidan y luego presenten demandas).

Una comunidad afín, *Malicious Compliance* (Cumplimiento Malicioso), está llena de historias de trabajadores que se acomodaron a las exigencias de sus jefes al pie de la letra, pero lo hicieron deliberadamente de formas que acabaron volviéndose en su contra. ¿Tu jefe insiste en que cheques a las cinco de la tarde, y ni un minuto antes? De acuerdo, pero si tu jornada laboral termina a las cinco en punto, ¿por qué no te niegas a atender al cliente importante que entra a las 5:02? Si un jefe te dice que dejes de ayudar a otros departamentos, sigue sus órdenes hasta que su jefe te pida ayuda, y luego se enfade cuando le digas que tu jefe te lo prohibió.

A primera vista, podría parecer que estas comunidades representan el polo opuesto del movimiento de los sobreempleados descrito en el tercer capítulo. Las personas que trabajan en dos o más empleos de tiempo completo a escondidas tienen que esforzarse mucho para mantener las apariencias, mientras que los que se oponen en general al modelo empleador-empleado hacen lo mínimo de forma deliberada.

Pero yo los veo más alineados que opuestos. Ambos son métodos subversivos de redistribuir el poder y el capital de los empresarios a los trabajadores. Solo que uno de ellos, el enfoque de los sobreempleados, es mucho más rentable.

En conjunto, está claro que mucha gente piensa ahora de forma muy diferente sobre el capitalismo que hace solo un par de décadas.

Sin embargo, profundizando más, parece que las opiniones sobre el capitalismo han cambiado sobre todo entre los jóvenes. La mayoría de las personas de más de cuarenta años tienden a manifestar las mismas creencias de siempre: la mayoría tiene una visión positiva del capitalismo, mientras que una minoría tiene una visión negativa. Sin embargo, muchos millennials y Generación Z son mucho más escépticos que las generaciones anteriores. De hecho, como reveló un estudio reciente, el socialismo es tan popular como el capitalismo entre la Generación Z.

El problema es el sistema

Debo admitir mi propia parcialidad: ¡Soy capitalista! O al menos siempre he asumido que lo soy, por eso me ha parecido interesante parte de la reciente retórica anticapitalista.

Antes de escribir este capítulo encuesté a algunos de mis lectores para preguntarles su opinión sobre el capitalismo. Lo que encontré confirmó la investigación: no son grandes admiradores.

Como varios de mis libros tratan sobre cómo ganar dinero, me pregunté cómo podían atraer a tantos fervientes anticapitalistas. Para mayor confusión, algunos de los lectores que respondieron eran también oyentes habituales de mi pódcast diario, *Side Hustle School*. El objetivo del programa es dar a conocer historias de personas que obtienen ingresos extra aparte de su trabajo diario: ¡de eso se trata!

Me hizo preguntarme: ¿cómo podías ser fan de un pódcast sobre ganar dinero y al mismo tiempo decir que tenías una opinión negativa de… ganar dinero? Me di cuenta de que una respuesta era que tu definición del capitalismo moderno podía ser muy diferente de la de las generaciones anteriores.

Así que, además de pedir la opinión de mis lectores sobre el tema, también hice una pregunta más sencilla: «¿Qué es el capitalismo?».

También recibí una avalancha de respuestas a esa pregunta. Algunas ofrecían una sencilla definición de diccionario, pero muchas de las otras tenían claros sentimientos sobre este tema. Una breve selección:

La desigualdad de la riqueza y la explotación del trabajo
Búsqueda de beneficios por encima de todo

Los bancos controlan quién puede tener dinero y quién no
Un sistema que oprime a los pobres
Una estafa para que los ricos se hagan más ricos
Un sistema roto que trata a los humanos como máquinas

La lista seguía y seguía. Para que quede claro, estas eran las respuestas negativas; también recibí otras positivas, como: «El capitalismo es el sistema económico que me permite crear y dirigir mi propia empresa». Pero como yo siempre había pensado más en esa línea, me interesaban las opiniones diferentes a la mía.

Muchos lectores distinguieron entre la definición de capitalismo que da el diccionario (un «sistema económico») y lo que denominaron «capitalismo en fase tardía» (cómo el sistema se ha transformado en algo mucho más poderoso que su origen).

Según las tendencias de Google, el uso de esta frase se ha triplicado en los últimos años. Culpar al capitalismo tardío de los problemas mundanos de la vida también se ha convertido en una especie de meme. ¿Se te derramó el café? Gracias, capitalismo tardío. ¿Atrapado en un asiento del medio en tu vuelo? ¡El capitalismo tardío ataca de nuevo!

Hace unos años Kendall Jenner protagonizó un anuncio de Pepsi que causó bastante controversia. Comienza con imágenes de manifestantes marchando por las calles, y luego muestra a varios policías uniformados que se disponen a intervenir. Jenner se acerca y le da una Pepsi a un policía y, de repente, se evita el posible enfrentamiento entre los activistas y la policía, y el mundo vuelve a la normalidad.

Casi de inmediato, el anuncio fue muy criticado por intentar comercializar la acción cívica al tiempo que ridiculizaba el movimiento Black Lives Matter y el problema de la brutalidad policial. La idea de que una multimillonaria (Kendall Jenner) y una gran empresa (Pepsi) pudieran unir a la gente, como sugería el anuncio, era ofensiva, y este acabó retirándose. Pero la indignación que inspiró nos dice mucho sobre lo que la gente odia del capitalismo moderno: el hecho de que los ricos sigan haciéndose cada vez más ricos, mientras trivializan los problemas de los demás.

Juntando todo esto, empecé a formular una teoría. La teoría es: ser anticapitalista y querer ganar dinero no son ideologías contradictorias después de todo. Si el juego ya está amañado en tu contra, más vale que aprendas a jugarlo y consigas lo que puedas para ti. O como se suele decir, consigue la bolsa.

Es una extraña mezcla, como tantas otras cosas en la era del capitalismo digital. Si lo piensas demasiado, te duele la cabeza. Pero si consideras las contradicciones en su contexto adecuado, las cosas empiezan a tener sentido.

«¿ESTOS ANUNCIOS APESTAN?»

«¡NO, DANOS MÁS!»

A pesar de no ser reacio al modelo del capitalismo, siempre había evitado respaldar marcas o trabajar con grandes empresas. Me enorgullecía ser independiente, y suponía que muchos de mis lectores esperaban que siguiera siéndolo.

Por eso al principio me resistía a entrar en el mundo de los pódcast, impulsado en gran parte por la publicidad. El modelo está bien establecido: el contenido es gratuito para los oyentes, pero está financiado por los anunciantes. Sin embargo, me preocupaba que mis lectores pensaran que me había vendido. Me imaginaba inundado de quejas de fans decepcionados.

Para mi sorpresa, no solo nadie se quejó cuando me lancé al podcasting, sino que algunos lectores parecían apreciar el modelo. Hacia el final de la primera temporada del programa, me fui de gira literaria. En un acto, una mujer se levantó, sin que nadie se lo pidiera, para darme las gracias por darle a conocer un producto de uno de mis patrocinadores. Me quedé estupefacto.

Pero ahora que he hecho el programa durante cinco años y contando, tiene sentido: mientras no te comprometas demasiado y los anuncios no sean tan molestos, parece que la mayoría de la gente está contenta de escuchar unos cuantos anuncios cuando está recibiendo algo gratis.

Una nueva idea que cambiará ~~todo~~ muy poco

Otro ejemplo de un movimiento que pretende deshacer el capitalismo (o al menos remezclarlo) es a través de algo conocido como DAO.

¿Qué es una DAO? Es una organización autónoma descentralizada (*decentralized autonomous organization*), también conocida como una organización gobernada enteramente por sus miembros, en lugar de por ejecutivos o algún órgano de liderazgo secreto.

Las DAO suelen organizarse en torno a un proyecto u objetivo específico. Si emites un token de criptomoneda, por ejemplo, podrías crear una DAO para recaudar fondos, gestionar los registros de transacciones y facilitar las transferencias.

A veces los líderes son elegidos por los miembros de la DAO, y en otros casos no hay ningún papel formal de liderazgo. Cualquiera puede presentar una propuesta para que la vote todo el grupo, y la mayoría establece las reglas.

Participar en una DAO significa formar parte de la gobernanza. En términos prácticos, esto significa que contribuyes a las conversaciones y desempeñas un papel en la toma de decisiones. La visión utópica de las DAO es «¡todo el mundo tiene voz!».

Un punto de vista más escéptico señalaría que es difícil llegar a decisiones consensuadas con miles de personas, por lo que, de modo inevitable, surgirá algún grupo de líderes *de facto* que acabará dirigiendo el barco.

Las DAO también se basan en tecnología compleja como los *blockchain ledgers* y las bases de datos distribuidas para funcionar correctamente. Como resultado, muchos intentos, como el de un grupo de aficionados al futbol americano que crearon una DAO para facilitar la compra de los Broncos de Denver, no han funcionado. En un ejemplo especialmente famoso, se creó una DAO para comprar una rara primera impresión de la Constitución de Estados Unidos en una subasta de Sotheby's. La perdieron en una guerra de ofertas, pero por poco, tras haber recaudado 47 millones de dólares de 17.000 contribuyentes en menos de setenta y dos horas.

Además, en las DAO se producen protestas, revueltas y tomas de poder, al igual que en otros tipos de organizaciones. Y también, por lo general, cuantas más acciones o tokens poseas en un protocolo descentralizado, más poder de voto tendrás.

Entonces, si las voces más altas son las que se oyen, y los miembros de mayor estatus son los que más influyen en la toma de decisiones, ¿es en verdad tan diferente de cualquier otro tipo de entidad?

CÓMO AMAÑAR UNAS ELECCIONES (DAO)

Con el poder de voto determinado por el número de acciones o tokens que posees, se podría argumentar que las elecciones de DAO ya están preparadas para favorecer a los ricos.

Pero aunque tengas una participación muy pequeña en una DAO, hay algunas tácticas probadas que puedes implementar para que tu voto cuente.

- **Crea una coalición y vota pronto.** El impulso suele ser decisivo, así que forma bloques de simpatizantes para votar lo antes posible. El recuento de resultados se muestra en tiempo real, así que cualquiera que llegue al sitio web de votación verá que estás ganando por mucho.
- **Establece una votación sin buenas opciones.** ¿Debería nuestra organización piratear la tesorería y huir con el dinero, o simplemente piratear la tesorería y quedarnos el dinero para nosotros? Oye, es la democracia, ¡puedes decidir!
- **Divide el voto creando dos versiones de la opción menos deseada.** Vi cómo se hacía esto en una votación sobre cómo disciplinar a un fundador que había cometido un gran error que costó mucho dinero a la comunidad. Las opciones eran:

  A) Eliminar por completo al fundador del equipo ejecutivo

  B) Mantener al fundador en el equipo ejecutivo, pero retirarlo de su función de director general

  C) No hacer nada

En este caso, los votos a favor de *A* y *B* acabaron divididos, lo que significa que la opción *C* —no hacer nada en absoluto— se impuso. Esto demuestra que el gobierno «por el pueblo» funciona tan bien en una organización descentralizada como en el mundo real, es decir: a veces no funciona en absoluto.

Guía breve sobre la fijación del precio de las acciones

Por supuesto, no todos los anticapitalistas odian el capitalismo, o al menos no la parte que implica al mercado de valores. De hecho, algunos lo abrazan hasta un punto maniaco, operando con criptomonedas y acciones meme en un intento de hacerse ricos o morir en el intento.

A estas alturas ya habrás oído la historia de GameStop, cuando un ejército de ocho millones de personas se unió en Reddit para apoyar a una cadena de tiendas de videojuegos en decadencia. Su objetivo era beneficiarse de un desequilibrio en las posiciones a la baja de los fondos de cobertura, pero estaban igualmente motivados por la idea de acabar con los actores del establishment que apostaban grandes sumas de dinero a que el precio de las acciones de la empresa solo podía ir a la baja.

Es ilegal que tú y yo nos confabulemos para comprar acciones con el fin de hacer subir el precio de una acción. Dejando a un lado esas molestas leyes, es poco probable que pudiéramos comprar suficientes acciones para influir en el precio de una acción por nuestra cuenta, a menos que tengas mucho más dinero que yo.

Digamos que a ti y a mí nos gusta Buzzard Co, una agencia de marketing ficticia que crea una red social basada en una aplicación que facilita a los usuarios enviar spam a sus amigos con enlaces de recomendación. Juntos, decidimos coordinar nuestra compra de acciones, intentando calcular el tiempo para que las acciones parezcan tener más impulso del que en realidad tienen. También utilizamos la propia aplicación de la empresa para enviar spam a cientos de foros con mensajes que ensalzan las ventajas de Buzzard Co y por qué sus acciones son geniales.

Podríamos llamarlo «inversión activista», pero la Comisión de Bolsa y Valores lo llamaría esquema de fijación de precios, y si funcionara lo bastante bien, o si lo hiciéramos con la suficiente frecuencia (con otras acciones, por ejemplo), al final nos meteríamos en problemas.

Ahora digamos que no somos solo tú y yo. En lugar de eso, formamos parte de un grupo poco unido con cientos de miles, o tal vez incluso millones de personas que deciden comprar acciones del mismo valor el mismo día, coordinando nuestros esfuerzos a través de una aplicación o red que permite que todo el mundo sea anónimo.

En términos generales, no es posible que grupos de operadores medios influyan en el precio de las acciones que se negocian en grandes volúmenes. Pero cuando cientos de miles de inversionistas empiezan a comprar, la cosa cambia. Ahora tenemos poder, porque colectivamente podemos hacer subir el precio de las acciones. Somos legión, somos Espartaco, somos el hombre corriente con una cuenta de negociación diaria que no cobra comisiones por las transacciones.

Ahora podemos hacer lo que queramos, porque ¿quién nos lo va a impedir? Es imposible imponer castigos a millones de personas, sobre todo cuando sus verdaderas identidades están ocultas y son difíciles de descubrir.

En esencia, esto es lo que ocurrió con GameStop, una cadena de tiendas de videojuegos en quiebra, y AMC, una cadena de cines en quiebra. Muchos de los inversionistas de GameStop, una alegre banda de operadores autoproclamados «degenerados» que publicaron en Reddit nombres como Nom Chompsky, NachoMan16 y TheLordJesusHimself, usaron una plataforma de negociación llamada Robin Hood para hacer subir el precio de las acciones de GameStop.

Dado que Robin Hood facilitaba mucho más la compra y venta de opciones sobre acciones que las plataformas tradicionales, cuyo acceso se había limitado con anterioridad a los operadores profesionales, este movimiento se extendió con rapidez, con millones de usuarios que coordinaban libremente sus acciones (la mayoría de las cuales consistían en la directiva «comprar más») a través de un subreddit llamado Wall Street Bets.

En el punto álgido de la locura, Robin Hood detuvo la negociación de las acciones, impidiendo así que muchos operadores se beneficiaran de la acción antes de que el precio subiera aún más. Esto provocó la indignación de la opinión pública. Políticos como Alexandra Ocasio-Cortez («AOC») y el senador Ted Cruz publicaron declaraciones condenando la medida como una forma de manipulación del mercado que favorecía a los inversionistas de Wall Street frente a los operadores independientes: más Sheriff de Nottingham que Robin Hood y sus fieles compañeros. (Esto, por supuesto, dio lugar a un meme propio. Si AOC y Ted Cruz están de tu lado, ¿a quién temerás?).

NachoMan16 y TheLordJesusHimself no estaban disponibles para entrevistas, pero varios otros miembros de Apuestas Wall Street estuvieron encantados de complacer mis peticiones para hablar.

Resultó que todo el asunto no era culpa de Robin Hood, al menos según Robin Hood. Ya sabes cómo va esto: solo fue un pequeño malentendido que costó a los operadores aficionados cientos de millones de dólares. ¡No hay nada que ver aquí!

Fuera quien fuera el culpable, todo el asunto reforzó la creencia de que había dos sistemas separados pero desiguales: uno para los ultrarricos y otro para todos los demás.

«Dios mío, Becky, mira esa acción»

Sumergirse en el mundo de las apuestas de Wall Street (WSB) requiere un curso intensivo de fraseología. Los inversionistas son *apes*, es decir, simios, y las acciones son *stonks*, que es una forma de pronunciar mal, intencionalmente, la palabra *stocks*, es decir, acciones. Los beneficios son *tendies*, diminutivo de *chicken tenders*, o sea, «tiritas de pollo». Si compras demasiado tarde o no vendes a tiempo, eres un *bagholder*, que podría traducirse como «bolsista».

Es un mundo en el que las inversiones son muy personales, con la pasión y la lealtad a la causa como valores fundamentales. La gente está ahí para ganar dinero, claro, pero insiste en hacerlo de una forma que se alinee con su sistema de creencias. «Me gustan las acciones» es una frase habitual para justificar por qué alguien compra más acciones a precios absurdamente altos. «Las acciones solo suben» es otro mantra, típicamente utilizado incluso ante la evidencia de lo contrario.

Los foros como WSB están diseñados para prosperar gracias al sesgo de confirmación. Los mensajes largos y apasionados sobre por qué una determinada acción está lista para estallar reciben votos favorables, mientras que los detractores tienden a ser objeto de burla o ignorados.

Una de mis ideas favoritas del WSB era el «índice Becky», un fondo formado por empresas preferidas por las «universitarias blancas». En lugar de comprar el S&P 500 y correr el riesgo de poseer acciones de marcas de personas viejas y estiradas, podías invertir en $BECKY y poseer acciones de Starbucks, Lululemon, Ulta Beauty, Planet Fitness y Etsy.

Parece una tontería, pero no fue una mala inversión: ¡el índice $BECKY subió más del 50 % en el periodo rastreado!*

Safe-for-Work/Seguro para el trabajo: «pornografía de pérdidas»

Como en todo lo demás en el mundo del capitalismo digital, hubo ganadores y perdedores en estas batallas. Mucha gente compró acciones meme con dinero que no podía permitirse perder, y luego lo perdió cuando el precio cayó y vendió por pánico.

Si parecía extraño que millones de personas apostaran de repente los ahorros de toda su vida en empresas en dificultades (tiendas, cines, etcétera), más extraño aún era que algunas de ellas parecieran orgullosas de perder mucho dinero.

Llegó un momento en que WSB estaba tan inundado de capturas de pantalla e imágenes de extractos de cuentas de corretaje que mostraban cuánto dinero había perdido alguien que la «pornografía

* Inevitablemente, alguien propuso un contraíndice conocido como $CHAD, que contiene valores de marcas de cannabis y cerveza. Hasta ahora, sin embargo, $BECKY ha superado a $CHAD. («¿Y? Como si fuera difícil»).

de pérdidas» se convirtió en una subcategoría en sí misma, tan popular que los moderadores de WSB tuvieron que establecer normas para mantener bajo control el volumen de publicaciones: «Las pérdidas deben ser de al menos 5.000 dólares. Las posiciones deben estar cerradas antes de publicar», es decir, las pérdidas en papel no cuentan.

Me fijé en un usuario que publicó una pérdida del 99,99 % para el año. Habían empezado con 92.000 dólares, y habían bajado a solo 10,98 dólares. ¡Uf!

Sin embargo, este inversionista no se apachurró. Solo unos meses después, estaba de vuelta, publicando sobre opciones sobre acciones, la Reserva Federal y cómo las acciones de Blockbuster habían subido un 700 %.*

¿Estaba este orgullo arraigado en una profunda creencia misionera que llevó a la gente a perder los ahorros de toda una vida por su compromiso con la causa, o simplemente se les fue de las manos? En última instancia, creo que la respuesta es un poco de ambas cosas. Es difícil sostener que las personas que vaciaron sus cuentas de jubilación estuvieran en verdad felices con la idea. Al mismo tiempo, la sensación de que el dinero no es más que un juego está muy arraigada en las Apuestas de Wall Street y en las comunidades afines.

Al final no hay un solo ejemplo o estudio de caso que sea representativo de este fenómeno. Afectó a muchas personas diferentes, tanto de forma positiva como negativa. Al igual que las opiniones de la gente sobre el propio capitalismo, es complicado.

Vuelve el trueque, más o menos

Antes de que se inventara el dinero, si querías adquirir un bien (ron, azúcar, piel de ballena) lo pagabas con otro bien de valor equivalente, quizá unas herraduras o una zalea de oveja. Avanzamos unos 5.000 años y el trueque vuelve a estar de moda.

---

* https://www.reddit.com/user/Negahnpoc.

En cierto sentido, es otro movimiento anticapitalista que pretende sustituir la economía monetaria actual por un sistema de intercambio de bienes más transparente y resistente a la inflación, o eso afirman sus partidarios. En la práctica, gran parte de ello parece consistir en hacer vídeos para las redes sociales, conseguir seguidores y luego aprovechar la fama online para conseguir dinero de patrocinio.

Es posible que hayas oído la historia de Kyle McDonald, el «chico del clip rojo», que hizo famoso el trueque desde un clip hasta una casa. Quince años después, una joven de 29 años de San Francisco llamada Demi Skipper repitió el experimento, empezando con un pasador de pelo. Sin embargo, hay una diferencia clave: el método de Kyle era de la vieja escuela, mientras que el de Demi aprovechaba las redes modernas.

Con cuatro millones de seguidores en TikTok y más de mil ofertas de intercambio que le llegaban cada día a través de los DM de Instagram, su misión se convirtió en mucho más que encontrar un lugar donde vivir. El tipo del clip quería difundir un mensaje, pero Demi quería iniciar una revolución. En su opinión, el sistema moderno de trueque crea igualdad de condiciones en un mundo desigual. Como explicó en una entrevista con *The Guardian*: «Me encanta que sea una especie de "que le den" al capitalismo».

Lo que sea de cada quien, Demi regaló la casa del intercambio y volvió a empezar con lo que denominó «Segunda Temporada». Sin embargo, a estas alturas ya se había convertido en una operación profesional, si no en un auténtico modelo de negocio.

Unos meses después Demi publicaba en Instagram un mensaje diferente: «¿Quieres renovar tu espacio para la próxima temporada? Me he asociado con Rugs.com para ofrecerles un sorteo increíble».

El post fue etiquetado con una divulgación común: «Colaboración patrocinada por Rugs.com».

En cuanto al propio capitalismo, en algunos aspectos está siendo atacado, y en otros es más resistente que nunca. Con la esperanza de sacar provecho de las enormes sumas de dinero que se estaban lanzando a raíz del asunto GameStop, algunas instituciones crearon fondos cotizados (ETF, por sus siglas en inglés) basados totalmente en acciones meme.* Estos ETF de acciones meme bursátiles venían con títulos dignos de mención (aunque un poco obvios): BUZZ —algo así como GUAU—, FOMO y MEME.

De manera sorpresiva, resultó que invertir en una colección de acciones meme quizá no sea la idea más sabia. En el primer semestre de 2022 un ETF que agrupaba 25 de los valores más populares «basados en una elevada puntuación de actividad en las redes sociales» cayó más del 55 %.

No hemos visto la última de estas historias sensacionales. Espera más disfunción y volatilidad a medida que las instituciones se vean sometidas al escrutinio de grupos distribuidos y masivos de individuos que trabajan para coordinar sus esfuerzos.

Todo ello apunta a una lección obvia y fundamental: si tienes la tentación de lanzarte a este ruedo, ten cuidado. No arriesgues más de lo que puedas permitirte perder.

---

* Un ETF es muy parecido a un fondo de inversión. Cuando se compran participaciones, se obtiene exposición a muchos valores distintos.

12

Las nuevas reglas del dinero

Concepto: El trillado consejo del «gurú de las finanzas personales» necesita una renovación. Deja de preocuparte por los latte, empieza a vivir y aprende a asumir riesgos asimétricos en los que las recompensas superen con creces las pérdidas. Opcional: añade acciones meme.

Si has leído algún libro de finanzas personales, o incluso si has seguido a algún experto en finanzas personales en las redes sociales, puede que te suenen algunos consejos. Por ejemplo, no intentes ganarle al mercado de valores. En su lugar, quédate con los fondos indexados.

Construye un fondo de emergencia antes de hacer cualquier otra cosa.

Ahorra, ahorra, ahorra. Evita las deudas, salvo la hipoteca, y quizá ni siquiera eso. Rompe tus tarjetas de crédito o guárdalas en el congelador. Etcétera.

Todo es bastante estándar, y se reduce a las mismas recomendaciones que se ven en todas partes.

No todo el mundo lleva las cosas tan lejos como para recomendarte que congeles literalmente tus tarjetas de crédito (aunque algunos lo hacen). Pero cuando se trata de invertir, casi todos los expertos en finanzas personales llevan décadas repitiendo la misma ecuación una y otra vez.

He aquí otra que quizá hayas oído: para asegurarte de que podrás vivir cómodamente dentro de décadas, se supone que debes identificar una cifra que necesitas alcanzar para lograr la «independencia financiera», en la que puedas retirar el 4 % de tu cartera cada año sin echar mano de tus ahorros.

Para llegar a tu número tienes que vivir de la forma más frugal posible, pagar cualquier deuda y, en general, evitar los lujos o incluso cualquier cosa que parezca frívola.

Hazlo, y un día, según la teoría, podrás comprarte lattes con todo el dinero que te ahorraste no comprando lattes.

Con toda franqueza, el consejo estándar no es del todo malo. Para la mayoría de las inversiones bursátiles a largo plazo, por ejemplo, es probable que te vaya mejor, en promedio, invirtiendo en fondos indexados que compran todo el mercado. Y es cierto que cuanto más tiende la persona media a juguetear intentando elegir sus propios ganadores, menor suele ser su rendimiento medio.

Sin embargo, «medio» es la palabra clave. Si quieres resultados medios, sigue las reglas de la media.

Es hora de nuevas normas

Si creciste en Estados Unidos, casi seguro asimilaste el mensaje de que si vas bien en la escuela, podrás conseguir un buen trabajo bien pagado, mientras que tus compañeros de clase menos respetuosos con las normas están atrapados trabajando con el salario mínimo en Walmart o Starbucks. Incluso si creciste en otro lugar, lo más probable es que el mensaje estuviera implícito.

Un estudio que siguió a alumnos de sexto grado durante cuarenta años cuestionó esta narrativa. Los estudiantes que fueron descritos como «estudiosos» cuando tenían doce años acabaron, en efecto, teniendo un trabajo bien pagado muchos años después. Parece correcto, pero resulta que no tenían los trabajos mejor pagados.

Esos trabajos iban a parar a los alumnos que se portaban peor, que no seguían las normas y que, en algunos casos, incluso desertaban de la preparatoria o la universidad.

Otro estudio confirmó estos resultados, e incluso descubrió que los mejores alumnos, esos que tienden a seguir las reglas al extremo, tenían menos probabilidades de hacerse millonarios que sus compañeros.

El sector de las finanzas personales se basa en las experiencias de personas que destacaron en la vida siguiendo las reglas. No es sorprendente, por tanto, que años después tengan su propio conjunto de reglas que esperan que todos los demás sigan.

Ya sabemos cómo les funciona. Pero ¿qué podemos aprender de los que desertan?

Si todos los consejos que llevas años escuchando te funcionan, no hay necesidad de cambiar nada. Pero si has llegado hasta aquí en el libro, puede que te estés preguntando: ¿cómo encajan en este plan recto los mercados de predicción y el coleccionismo virtual de cangrejos y trabajar subrepticiamente en dos empleos a la vez?

¿Y qué hay de la inversión? Algo cercano al 15 % de los estadounidenses poseen ahora moneda digital de alguna forma. ¿Son todos herejes?

Aunque solo sea por eso, ¿qué pasa con todos los propietarios de pequeñas empresas del mundo? En lugar de tomar el camino seguro de un trabajo estable asumen grandes riesgos con grandes ideas, y muchos de ellos son recompensados en abundancia por ello.

La respuesta es sencilla: el mundo ha cambiado. La confianza en los bancos y otras instituciones está en mínimos históricos. El sector de la tecnología financiera («fintech») sigue innovando, transformando el mundo de las finanzas de formas por completo nuevas e impredecibles.

Los consabidos consejos de los expertos en finanzas personales sencillamente no se sostienen con las nuevas inversiones, incluidas muchas de las ideas mencionadas en este libro. Para empezar, no existe un «Fondo Bursátil Total» para los activos digitales. En la actualidad tal cosa es imposible, porque se están creando nuevos activos todo el tiempo. Y en un mundo en el que todo está a la venta una pequeña deuda no va a destruir tus finanzas. Puedes pagarla vendiendo cursos online, monetizando a tus seguidores en las redes sociales o jugando videojuegos por dinero.

En este capítulo presento a tu consideración un nuevo conjunto de reglas para este mundo en constante cambio. Como con cualquier recomendación (mía o de otro tipo), adopta lo que te funcione e ignora todo lo que no.

1. Deja de intentar llevártelo contigo

Nadie te dirá que su principal objetivo en la vida es ahorrar tanto dinero como sea posible; sin embargo, mucha gente vive así. Acumular dinero se convierte en el objetivo en sí, no en el medio para conseguir otra cosa.

Se ha construido toda una industria en torno a la idea de que tu objetivo final en la vida es acabar con la mayor cantidad de dinero, como si la vida fuera un juego de *Monopoly*. Piensa en lo absurdo que es: a menos que guardes un montón de dinero bajo el colchón, el dinero que poseas no es más que un número en un ordenador: no tiene valor objetivo hasta el momento en que lo gastas. Sin embargo, esta filosofía tiene millones de adeptos que basan en ella todas sus grandes decisiones.

Pregúntate: si tuvieras todo el dinero que pudieras necesitar y más, ¿qué harías? Para muchas personas lo bastante afortunadas como para alcanzar este objetivo, la respuesta está en su comportamiento: simplemente redirigen su tiempo y sus talentos a intentar conseguir más dinero.

De nuevo, la mayoría de la gente no lo admitirá. Señalarán una cifra que tienen en mente, y quizá mencionen algo sobre la «independencia financiera». Pero si son capaces de alcanzar la cifra mágica, lo normal es que la revisen al alza y sigan esforzándose.

Por supuesto, pensarás: «Yo no soy así. Todo lo que necesito es [inserta un número grande] y entonces dejaría de hacerlo». Pero la realidad es que lo más probable es que no lo harías, porque el comportamiento compulsivo no funciona así.

Cuando tienes menos dinero del que preferirías, piensas en conseguir más. Cuando tienes más, piensas en… conseguir más. A medida que tus ingresos aumentan, también lo hacen tus deseos, junto con tu definición de seguridad financiera. «Pero no tuve en cuenta los impuestos que tendría que pagar» se convierte en «Pero no tuve en cuenta los impuestos del combustible para el jet privado».

Siempre que te sientas estresado por el dinero, recuerda que no es el propósito de tu vida. Tu vida gira en torno a las relaciones, las experiencias, el crecimiento, la felicidad, el dolor y todo lo demás que sucede en el camino.

Sé lo que alguien ahí fuera está pensando: «Bueno, eso es fácil de decir para la gente que ya tiene dinero». Y sí, en gran medida es cierto que los privilegios y la riqueza facilitan las cosas. No todos empezamos en la misma línea de salida.

Pero ten en cuenta otra verdad: algunas de las personas más ricas y privilegiadas también están todo el tiempo estresadas por el dinero. Son desgraciadas e infelices.

Así que, aunque no hay nada malo en querer más dinero (es probable que esa sea una de las razones por las que estás leyendo este libro), es importante mantenerlo en perspectiva.

Convenientemente, esto nos lleva a la regla número dos.

2. Evita la trampa de la frugalidad (o Compra experiencias Y cosas)

En la literatura sobre finanzas personales abundan los ejemplos que ponen de relieve cuánto se puede ahorrar comprando de forma regular una cosa menos durante largos periodos de tiempo. Estos ejemplos fomentan la vida frugal y el consiguiente goteo largo y lento de ahorros: «Si renuncias hoy a tu tostada de aguacate y a tus clases de gimnasia de lujo, un día tendrás mucho más».

Bueno, okey. Esto es cierto en teoría. Pero en la práctica también hay algunos problemas: la inflación, por ejemplo. Como todos hemos visto en la economía pospandemia, cuando los precios siguen subiendo, la misma cantidad de dinero compra menos.

Además, otras personas están disfrutando de la vida mientras tú deberías estar pensando en las comidas extra que podrás comprar dentro de treinta años.

Si alguna vez has buscado consejos sobre cómo ahorrar dinero, es probable que te hayas topado con el mantra: «Compra experiencias, no cosas». La idea es que las «cosas» (posesiones materiales) proporcionan menos retorno de la inversión en términos de felicidad que las «experiencias».

Hace tiempo que este aforismo debería haber sido desmantelado. No porque sea categóricamente falso, sino porque, como muchos memes o *stickers*, carece de matices. Claro que las experiencias pueden dar más felicidad que las cosas. Pero lo contrario también puede ser cierto. Y si alguna vez te has sentido culpable al comprar cosas que te hacen feliz, es muy probable que sea culpa de esta filosofía.

Hace mucho tiempo solía preocuparme por gastar dinero, incluso cuando se trataba de cantidades triviales. Me hacía sentir ansioso por razones que carecían de toda racionalidad: no iba a arruinarme si pagaba un tentempié, pero eso era lo que sentía.

No soy un experto en finanzas. Lo único que sé es que mi vida mejoró mucho cuando dejé de cuestionarme cada pequeña compra que hacía.

Sí, es genial ver la puesta de sol, pero además, las puestas de sol son gratis, así que no hay nada de malo en verlas o no verlas. Tampoco hay nada malo en querer comprar un sofá nuevo.

3. Deja de preocuparte por las deudas

Millones de personas viven en un estado de ansiedad por la deuda de consumo y los préstamos estudiantiles, y quién puede culparlas, dado cuántos gurús financieros transmiten el mensaje de que toda deuda es mala, y que el objetivo final es vivir sin deudas. Para millones de estadounidenses, sin embargo, este objetivo entra en la categoría de «buen trabajo si logras conseguirlo». No solo eso, sino que para muchos de ellos vivir sin deudas no solo es poco realista, sino una mala idea.

¿Y si, en lugar de preocuparte por la deuda, intentaras aplazar su devolución el mayor tiempo posible? Al fin y al cabo eso es lo que hacen los gobiernos y otras grandes instituciones: siguen pidiendo prestado mucho dinero, una y otra vez, sin preocuparse de las consecuencias. ¿Por qué no ibas a hacerlo tú?

Algunas de las personas más ricas del mundo se endeudan de forma regular. Incluso Mark Zuckerberg, con un patrimonio neto de aproximadamente 110.000 millones de dólares, pidió una hipoteca para su casa de 6 millones de dólares. Larry Ellison, cuyo patrimonio neto ronda los 103.000 millones de dólares, utilizó una línea de crédito para endeudarse por sus acciones en Oracle. Según el medio de comunicación que leas, su línea de crédito oscila entre 4.000 y 11.000 millones de dólares. Luego utiliza esta línea de crédito para pagar, bueno, prácticamente todo lo que quiere.

Es cierto que los gastos de vida de Larry son distintos de los tuyos o de los míos: tiene que cubrir los gastos de cinco casas en Malibú, al menos un yate al estilo de un villano de James Bond y la sexta isla más grande de Hawái, de la que ahora es propietario. La cuestión es que Mark y Larry se endeudan porque saben que pueden ganar más con su dinero en el mercado que si ese dinero estuviera inmovilizado en el «capital inmobiliario». Y esto no es cierto solo para los multimillonarios: también lo es para el resto de nosotros.

Así que, en lugar de estresarte por lo rápido que puedes saldar la deuda, piensa en cómo podrías poner ese dinero a trabajar para ti en su lugar. Paga o consolida las deudas de alto interés, claro, pero algunas deudas pueden ser una herramienta para mejorar tu vida, no una carga que te haga sentir miserable.

La vida sigue, al menos hasta que deja de hacerlo.

APPLE ES TAN RICA QUE PIDE DINERO PRESTADO

Apple es la empresa del mundo con más dinero en efectivo: más de 200 millones de dólares en el último recuento. No se trata del valor de sus inversiones, su capitalización bursátil o sus participaciones en Dogecoin: todo eso es dinero en efectivo. Ahí, en una caja.

Apple también tiene muchas deudas. Más de 100 millones de dólares, de hecho. Aquí te preguntarás: ¿por qué no utilizan todo ese dinero que tienen ahí para pagar la deuda?

La respuesta breve es que lo intentaron una vez, y no les fue bien. En 1998 Apple estaba a la defensiva; había acumulado cerca de mil millones de dólares de deuda. La empresa despidió célebremente a Steve Jobs y más tarde lo volvió a contratar, con la esperanza de que llevara a la empresa a la recuperación.

Jobs lo hizo, lanzando una serie de productos revolucionarios, especialmente el iPhone y el iPad.

Con estos beneficios, la empresa pagó toda la deuda. Tardó unos años, pero en 2004 Jobs escribió a los empleados anunciándoles este triunfo. «Hoy es un día histórico», dijo.

Millones de ordenadores y aparatos caros siguieron volando de las estanterías y, casi una década después, Apple se convirtió en la primera empresa del mundo que facturaba un billón de dólares.

Por aquel entonces, la empresa volvió a pedir dinero prestado.

Así es. El principal gigante tecnológico del mundo (y una de las empresas con más éxito del mundo, punto) decidió presentarse en el banco y rellenar una solicitud de crédito. En poco tiempo volvió a tener una deuda de más de 500 millones de dólares.

Si Apple fuera un país, sería el octavo más rico del mundo. Valdría más que Rusia, Brasil y Canadá. Podrías tomar el PIB de 15 países del Pacífico Sur, incluidos Australia y Nueva Zelanda, y Apple valdría más que todos ellos juntos.

Sin embargo, a pesar de toda su riqueza, Apple ha decidido vivir como muchos consumidores: pidiendo prestadas grandes cantidades de dinero.

4. Aprende a asumir riesgos asimétricos

Aprender a asumir los tipos de riesgo adecuados puede serte útil durante toda la vida. Algunos de los mejores riesgos son asimétricos, lo que significa que la probabilidad de una catástrofe es mucho menor que el potencial de ganancia.

El ejemplo clásico es invertir en opciones sobre acciones. Con las opciones apuestas por el precio de un valor para una fecha futura predeterminada. Si no alcanzas tu objetivo, pierdes la oportunidad de comprar a ese precio bajo, pero eso es todo. Nunca puedes perder más de lo que has pagado. Sin embargo, la ganancia potencial es ilimitada. Si el valor sube (o baja, según la apuesta) un 500 %, tu ganancia es del 500 %.

Que quede claro: no estoy diciendo que debas convertirte en un operador de opciones. Operar activamente con opciones sobre acciones no es para los débiles de corazón, pero hay un principio más amplio: vale la pena asumir los riesgos adecuados.

La inacción a veces puede ser más arriesgada que el propio riesgo, porque pierdes la oportunidad de una ganancia potencial. Dicho de otro modo, si no compras el billete de lotería, tus probabilidades de ganar son nulas.

Este principio se aplica mucho más allá del comercio financiero. ¿Dónde más podemos encontrar un riesgo asimétrico? Tomemos un ejemplo profesional. Cuando Damion Taylor fue despedido de su trabajo en gestión de redes sociales, decidió probar suerte como freelance.

Pero en lugar de publicar sus servicios en una plataforma como Fiverr, esencialmente un mercado gigante para trabajadores independientes, tuvo una idea diferente. Se conectó a LinkedIn y empezó a ponerse en contacto con empresas que habían publicado ofertas de empleo en busca de gestores de redes sociales de tiempo completo, aunque Taylor quería trabajar solo por contrato.

Su discurso era poco convencional, pero convincente: «Oye, sé que estás buscando contratar a un empleado, pero yo puedo hacer esta tarea para ti de forma subcontratada por mucho menos dinero».

La mayoría de las empresas con las que contactó lo ignoraron, pero algunas lo escucharon y le dieron el trabajo. Ahora gana 10.000 dólares al mes con una cartera de clientes que ha crecido hasta el punto de tener que rechazar trabajos para no caer en la extenuación.

El método de Damion era una apuesta asimétrica clásica, con una desventaja limitada y un potencial ilimitado. Así que ahora te toca a ti: aprende a identificar las actividades que tienen poco o ningún riesgo y el potencial de multiplicar por 10 las ganancias.

Pregúntate a ti mismo: «¿Qué podría intentar que no fuera tan malo si fracasara, pero que fuera increíble si funcionara?».

5. Nunca pagues por algo que puedas conseguir gratis

Algunas de las experiencias más increíbles de la vida se pueden tener gratis, y no me refiero a ver amanecer o aprender a «vivir sencillamente». Me refiero a las cosas por las que la mayoría de la gente paga dinero, pero que pueden ser gratuitas si buscas en los lugares adecuados.

Por ejemplo, me vienen a la cabeza los muchísimos viajes que he hecho gratis, o casi gratis, gracias a las millas de avión y los puntos de hotel.

En la primavera de 2008 iba por buen camino en mi empeño de visitar todos los países del mundo. Había estado en algo así como 60 países, y necesitaba llegar a muchos más para cumplir el plazo de mi trigésimo quinto cumpleaños en 2013. Cuando empecé a escribir en el blog sobre la experiencia, mucha gente quería saber cómo me lo estaba pagando. ¿Cuánto cuesta visitar todos los países del mundo?

Mi primera respuesta fue señalar mi estilo de vida frugal. No tenía coche. Me había mantenido sin deudas. Prioricé mi vida para gastarla en lo que era importante para mí: experiencias vitales, como viajar.

Todo eso era cierto, pero al año siguiente aprendería otra lección importante: no tenía que vivir tan frugalmente para lograr mi objetivo de visitar los 193 países, porque gran parte del coste de los vuelos y los hoteles podía sufragarlo otra persona.

No, no tuve patrocinadores. Ninguna empresa me dio nunca un cheque para cubrir mis gastos de viaje, a menos que me contrataran para dar una conferencia. (Y como para entonces necesitaba visitar lugares como Somalilandia y Uzbekistán, no quedaban muchos países anfitriones de conferencias en mi lista).

Lo que tenía era una estrategia para quitarles el dinero en forma de recompensas de las tarjetas de crédito.

En ese momento ya había solicitado tarjetas de crédito con millas, así que conocía el procedimiento. Conseguías una tarjeta que ofrecía una bonificación de alta en forma de millas de viajero frecuente o puntos de hotel, cumplías el requisito de gasto y cobrabas la bonificación. Después, en la mayoría de los casos, cancelabas la tarjeta o la guardabas en un cajón y te olvidabas de ella hasta que vencía la cuota anual del año siguiente.

Como conocía los conceptos básicos, decidí poner en marcha un experimento público. A lo largo de unas semanas me apliqué a investigar y recopilé una lista de todas las tarjetas de recompensa disponibles. Después las solicité todas, o al menos todas las que pude encontrar que ofrecieran una bonificación atractiva.

Al cabo de seis semanas más o menos tenía 300.000 millas y puntos de varias aerolíneas. Los premios eran mejores entonces, y los costes también eran más bajos. El valor de los puntos me permitió visitar una docena de países o más sin coste adicional, y así seguí.

Durante los años siguientes lo hice unas cuantas veces más, por lo general con seis o más tarjetas a la vez. La oferta no era ilimitada, pero sí abundante. No me rechazaron ni una sola tarjeta, y el impacto negativo en mi puntuación de crédito fue mínimo. Incluso ahora sigo ganando al menos 200.000 o más millas al año de esta forma.*

Elegí hacerlo por las millas y los puntos, que eran más valiosos para mí que cualquier otra ventaja. Pero también hay muchas tarjetas

* Cuando realicé mi «Reto del viajero frecuente», las bonificaciones de las tarjetas eran, en promedio, más bajas. Ahora es posible ganar 100.000 millas o puntos con una sola tarjeta. Y las tablas de premios para canjes también se han devaluado. Hay inflación en el mundo de las recompensas de viaje, como en todas partes.

que ofrecen transferencias de saldo gratuitas y sin intereses durante largos periodos de tiempo, a veces hasta 18 meses.

Se trata de una oferta de decenas de miles de dólares en préstamos gratuitos, al menos para quien tenga buen crédito y pueda gestionar cuidadosamente una cartera de cuentas para asegurarse de que se pagan los saldos antes de que aparezcan las elevadas comisiones.

¿Por qué los emisores de tarjetas ofrecen esas ofertas? Porque saben que la mayoría de la gente no las gestionará bien, por lo que es una buena apuesta para los emisores.

Pero no tienes por qué ser como la mayoría de la gente. Si puedes devolver el capital prestado a tiempo sin descuidar ningún pago por el camino, ¿por qué no tomar el dinero?

El dinero gratis puede venir de cualquier parte, si sabes dónde buscar. Desde informes de crédito gratuitos hasta préstamos a bajo interés de la Administración de Pequeñas Empresas, incluso el gobierno regala dinero gratis. Del mismo modo, el financiamiento de los bancos a veces puede condonarse o aplazarse de forma indefinida.

El famoso atracador de bancos Willie Sutton dijo una vez: «¿Por qué atracar un banco? Porque es donde está el dinero». Quizá fuera cierto en su época, pero hoy en día es más fácil pedir dinero en vez de tomarlo por la fuerza.

6. Prende fuego a FIRE

El movimiento conocido como FIRE (siglas de *Financial Independence, Retire Early*, es decir, Independencia financiera, jubilación temprana) existe desde hace tiempo, pero en realidad despegó en los primeros días de las redes sociales. Es fácil ver por qué: este movimiento ha ayudado a mucha gente a pensar en sus objetivos a largo plazo y a tomarse más en serio su planificación financiera. Pero también ha canalizado a muchas personas hacia un plan y un estilo de vida que no les funcionan en el presente.

El método FIRE implica el uso de modelos matemáticos que suelen suponer un objetivo de 50.000 dólares en ingresos pasivos y una tasa de retiro del 4 % de su capital total cada año. Trabajando con extravagantes hojas de cálculo, llegan a una cifra (a veces llamada «El Número») de dólares que necesitan acumular antes de ~~cruzar al nirvana~~ alcanzar la independencia financiera.

Un modelo FIRE típico tiene este aspecto:

Objetivo de 50.000 dólares en ingresos pasivos
Supuesto de una tasa de retiro del 4 %
Capital necesario: **1,25 millones de dólares**

En otras palabras, para conseguir unos ingresos pasivos de 50.000 dólares al año a una tasa de retiro segura del 4 % necesitarías acumular 1,25 millones de dólares en capital. Si tu objetivo son 100.000 dólares de ingresos pasivos anuales, necesitarías 2,5 millones de dólares, y así sucesivamente (estoy simplificando algunas cosas para este ejemplo).

¿Qué tiene esto de malo? Bueno, ¡está muy bien si ya tienes el dinero! También está genial si te conformas con pasar veinte años o más persiguiéndolo.

Pero digamos que eres como muchas otras personas:

- Estás muy lejos de ahorrar 2,5 millones de dólares, o cualquiera que sea tu número mágico.
- Quieres construir una riqueza generacional en lugar de limitarte a vivir de tus ingresos pasivos.
- No quieres sacrificar todo tu estilo de vida por la promesa de riqueza en un futuro lejano.
- Sabes que hay una forma mejor y quieres participar en ella. Contribuyes a tu fondo de jubilación e intentas tomar decisiones financieras sensatas. Pero también te preguntas: «¿Qué me estoy perdiendo?».

Parte de lo que te estás perdiendo es de la posibilidad de obtener mayores rendimientos con inversiones no tradicionales, a lo que nos referiremos a continuación.

7. Pon un pequeño porcentaje de los ahorros en inversiones alternativas

No fui uno de los primeros inversionistas en bitcoin (por desgracia), aunque había oído hablar de él mucho antes de que se generalizara. No me arrepiento de no haberme lanzado entonces, porque en el momento de su creación no tenía ninguna garantía de éxito. De hecho, a juzgar por el hecho de que varias monedas digitales anteriores habían fracasado, no se le podían dar grandes probabilidades.

Aun así, me arrepiento de no haber invertido una pequeña cantidad de dinero, la suficiente para que no me importara perderlo. Ese fue mi error: oír hablar de una oportunidad interesante y ser demasiado escéptico para arriesgar incluso una pequeña cantidad.

En los últimos años no han faltado noticias que predecían la catastrófica desaparición de las criptomonedas. Si sigues las noticias financieras, sin duda habrás visto los titulares que dicen cosas como: «El bitcoin se desploma un 60 % desde sus máximos históricos» o «El colapso del criptomercado hace desaparecer billones de la noche a la mañana».

Es cierto que el mercado de criptomonedas es propenso a oscilaciones salvajes e impredecibles, que a veces les cuestan a los inversionistas grandes sumas de dinero en muy poco tiempo. Pero una «oscilación», por definición, significa que lo que baja también sube, y por cada vez que el bitcoin se ha desplomado, también ha habido largos periodos en los que ha seguido subiendo. Incluso en el verano de 2022, cuando la moneda experimentó una de las caídas más pronunciadas de su historia, seguía cotizando cinco veces por encima de los niveles anteriores a 2020 (lo que significa que si hubieras comprado bitcoin antes de 2020, tus acciones seguirían valiendo cinco veces lo que pagaste por ellas) y los escenarios catastrofistas que muchos críticos predijeron nunca se materializaron.

Así que, aunque no se puede negar que el mercado de las criptomonedas es volátil, la realidad para la mayoría de la gente es que si hubieran asignado siquiera el 1 % de una cartera de jubilación típica al

Bitcoin en sus inicios, esa inversión relativamente pequeña valdría ahora mucho más que todo lo demás de su cartera junto.

Así que la pregunta no es: «¿Debo invertir mi dinero en bitcoin o en acciones?», sino: «¿Cuáles son los mejores porcentajes para invertir en cada clase de activo?».

Mi sugerencia: invierte al menos el 3 % (y hasta el 8 %) de tu cartera en inversiones alternativas. Esto te permite seguir siendo fiscalmente conservador al tiempo que te arriesgas con algo nuevo. En el peor de los casos, pierdes el dinero. En el mejor de los casos, estas inversiones superan con creces a cualquier otra que tengas.

Y, desde luego, podría ser algo distinto del bitcoin. La mayoría de los juegos de «jugar para ganar» utilizan distintos tipos de activos digitales. Los mercados de predicción suelen utilizar stablecoins, que se rastrean con una moneda fiduciaria (como el dólar estadounidense) en una base 1:1.

O podrías invertir en propiedades inmobiliarias digitales en el metaverso, en NFT o en cualquier otra cosa que salga en los próximos años. Esto no significa que debas comprar montones de NFT aleatorias solo porque parezcan geniales, o poner el 8 % de tus activos en cualquier moneda nueva que se lance. En lugar de eso debes investigar, entrar más o menos pronto y vigilar la volatilidad.

Cada vez se lanzan nuevos tipos de activos. ¿Qué aspecto tendrá el metaverso dentro de cinco años y cómo se alimentará, económicamente hablando? No lo sabemos.

Quizá en algún momento llegue la verdadera eficiencia del mercado para estos activos, momento en el que será mejor para la mayoría de la gente adoptar un modelo de no intervención en estas inversiones, como suelen hacer con los fondos indexados de acciones.

Sin embargo, ese cambio tardará años en producirse, si es que llega. En un futuro previsible, es posible que la persona media consiga grandes beneficios mediante la inversión activa. Pero no está exenta de riesgos, por lo que solo debes invertir lo que puedas permitirte perder.

8. Invierte para obtener rendimientos superiores

Desde 1920 hasta 2020 la mayoría de las personas que vivían en Estados Unidos y otros países ricos ganaron la mayor parte de su dinero mediante uno de estos dos métodos: el trabajo y las inversiones.

Los ingresos por trabajo proceden del trabajo, ya sea por cuenta ajena o por cuenta propia. Los rendimientos de la inversión suelen incluir dividendos de la bolsa, bonos, cuentas de ahorro, además de activos no financieros como el oro o el arte.

Es probable que estos dos métodos existan siempre, pero en 2020 empezó a arraigar un tercer método: un ingenioso híbrido de los otros dos métodos, llamado *staking* (o apuestas).

¿Qué es?

En términos prácticos, *staking* o apostar es muy parecido a depositar dinero en una cuenta de ahorros. El banco puede prestar tu dinero, ganando dinero para sí mismo, y a cambio te da una parte de los beneficios en forma de intereses.

Pero con el *staking* depositas tu dinero en una cuenta de tokens o blockchain. En pocas palabras, esto proporciona la liquidez que necesita un proyecto para funcionar y crecer, y se te recompensa con intereses, a un tipo mucho más alto que el que recibirías con las inversiones tradicionales.

Y dicho de forma muy sencilla: apuesta tu dinero, gana más dinero.

Para entender cómo funciona esto, digamos que tú y yo hemos encontrado una forma emocionante de aportar mejoras muy necesarias al sector de la entrega de alimentos, utilizando blockchain, inteligencia artificial y otros conceptos que suenan vanguardistas e impresionantes; el único problema es que no tenemos capital para ponerlo en marcha.

Para recaudar fondos creamos un token digital y lo llamamos HOTS, por *hotcakes*. Pero para que nuestro proyecto sea viable y estable necesita liquidez: necesitamos que mucha más gente opere con él. De lo contrario, será vulnerable a las «ballenas»* que depositan grandes

---

* Ballena: inversionista que posee una cantidad de una criptomonedas o colección de NFT que podría movilizar al mercado. *(N. de la T.)*.

sumas de dinero, luego recogen bruscamente sus beneficios y huyen. Sin liquidez, HOTCAKES no saldrá de la parrilla.

¿Cómo conseguimos que la gente proporcione la liquidez que necesitamos para estabilizar nuestro token? Bueno, por desgracia la gente no trabajará gratis. Ahí es donde entran en juego los inversionistas: invitamos a los inversionistas particulares a apostar fondos en HOTS a cambio de intereses y recompensas. ¡Todo el mundo se beneficia de nuestro sabroso token!

Dos maneras de ganar

Poco después de empezar a experimentar con los protocolos de apuestas comprendí una de sus características más poderosas: ganas recompensas incluso cuando baja el precio del valor subyacente. Estas recompensas tienen el potencial de aumentar tus beneficios totales, o al menos compensar tus pérdidas si el mercado se mueve en tu contra.

Lo experimenté a principios de 2022, cuando el bitcoin cayó más del 40 % desde su máximo histórico. La mayoría de los mercados de criptomonedas siguen dependiendo en gran medida del precio del bitcoin; cuando cae, todo lo demás tiende a seguirlo. Como millones de personas, en el espacio de unos pocos días vi cómo algunas inversiones caían más del 40 %.

No es lo ideal.

El consejo habitual durante las caídas libres del mercado es no dejarse llevar por el pánico, mantener el rumbo y esperar a que los precios acaben repuntando. Y mientras tanto, tus activos apostados seguirán acumulando recompensas.

Resulta que es un buen consejo.

Cada día, por triste que pareciera el mercado en general, recibía más recompensas en forma de tokens en mi cuenta. No me alegraba perder (al menos sobre el papel) gran parte de mi inversión original, pero el lado positivo era ver cómo se añadían de forma automática más y más fichas a mis participaciones.

Hice cuentas y noté que, gracias a las recompensas de las apuestas, con tiempo suficiente aún podría salir ganando, aunque el precio nunca se recuperara.

Por supuesto, ese no sería el resultado idóneo. Me metí en este tipo de inversión agresiva para obtener rendimientos desorbitados, no para igualar la tasa de pago de los bonos del Estado. Pero seguía siendo mucho mejor que invertir únicamente en activos que no proporcionaban ningún tipo de recompensa provisional. Ese es el verdadero poder de la apuesta. Tienes dos formas posibles de ganar: mediante la revalorización del precio y mediante las recompensas diarias de las apuestas.

STAKING: PRIMEROS PASOS

La forma más fácil de empezar con *staking* es a través de una bolsa centralizada como Coinbase, Binance o Crypto.com. La mayoría de ellas estarán encantadas de ayudarte a hacerlo; de hecho, muy contentas, porque se llevan una parte de todo lo que ganes.

Lo hice con Ethereum, la segunda criptomoneda más grande del mundo. Hasta que no tuve mi ETH bloqueado en Coinbase, no me di cuenta de que cobraban una comisión del 25 % sobre las ganancias, y una vez tomada la decisión, ya no había vuelta atrás. No solo ganaba cada vez menos a medida que más gente entraba en el grupo de *staking*, sino que tenía que pagar a Coinbase una gran parte de esos beneficios.

Sin embargo, cuando estás empezando, las bolsas añaden valor al facilitar una transacción compleja.

Si decides iniciarte en *staking*, aquí tienes otros consejos que te facilitarán el camino.

Ve despacio, y luego ve aumentando a medida que te sientas seguro. Como con cualquier otra estrategia de este libro, no te lances de cabeza. Acércate a ella con precaución y tómate un tiempo para aprenderla.

Si tienes una cartera importante, destina un pequeño porcentaje a *staking*. Se trata de una estrategia de inversión de riesgo medio. No es tan agresiva como apostar por la última acción meme, ni tan conservadora como mantener todo tu dinero en fondos indexados.

Pon los huevos en varias canastas. No seas maximalista (alguien que lo pone todo en una sola inversión), pero tampoco te disperses demasiado. El conocimiento es acumulativo, sobre todo en un sector nuevo en el que todo se desarrolla con tanta rapidez. Con nuevos conocimientos, llegan nuevas oportunidades.

Cuando lo tengas más claro, abandona al intermediario. Como ya dijimos, los intermediarios suelen cobrar una comisión considerable a cambio de comodidad. Si hubiera entendido mejor el proceso, podría haberme saltado Coinbase e ir a otro sitio. Si no valoras la comodidad de un intermediario, puedes optar directamente por la vía del «hágalo usted mismo» y ahorrarte las comisiones.

¿Qué puede salir mal?

Un tipo que conocía a través de uno de los Discords que monitorizaba me escribió una vez entusiasmado sobre una estrategia que había ideado. Me envió una hoja de cálculo de Google protegida con contraseña que afirmaba mostrar un método de inversión que proporcionaba una rentabilidad anual garantizada del 70 %.

Este rendimiento asombrosamente alto se conseguía, según él, mediante una serie de movimientos enrevesados. Tenías que apostar fondos en un protocolo, pedir prestado contra el capital y luego asignar esos fondos a otro token. Debido a… alguna forma de alquimia matemática que no entendí, podrías obtener esta increíble cantidad de rendimiento sin ningún riesgo.

Que conste, mi amigo no es el tipo de persona que cree que el gobierno hizo un montaje sobre el alunizaje, o que la vacuna COVID contiene un chip de seguimiento. Pero de algún modo no sintió el mismo escepticismo que la mayoría de los inversionistas al oír hablar de una rentabilidad anual «garantizada» del 70 %.

De hecho, esta estrategia resultó ser vulnerable a dos grandes problemas que no previó. En primer lugar, cuando la mayor parte del mercado de criptomonedas se desplomó, los tokens subyacentes experimentaron una enorme caída de valor. En segundo lugar, la cadena del blockchain Harmony en la que residían estos tokens fue atacada por piratas informáticos de Corea del Norte, que robaron más de 100 millones de dólares.

Puede que el dinero no sea real, pero este dinero falso en concreto acabó valiendo mucho menos de lo esperado.

La cuestión es que invertir en activos digitales no está exento de riesgos. Para empezar, no hay ninguna agencia federal que asegure tu dinero. Si guardas dinero en una cuenta bancaria de Estados Unidos, la Corporación Federal de Seguro de Depósitos garantiza que hasta 250.000 dólares estarán seguros. Y algunos otros países tienen protecciones similares.

Sin embargo, vivas donde vivas, es probable que no tengas ningún seguro o protección para los activos digitales que deposites. Y ahí radica el inconveniente de la gobernanza descentralizada: no hay una autoridad centralizada que intervenga si has sido víctima de un pirateo o una estafa.

El token del juego del calamar donde todos ~~mueren~~ se arruinan

A veces los desarrolladores incluso piratean sus propios proyectos desde dentro, vacían las cuentas de los usuarios y huyen con el dinero. Esto se conoce como «jalar la alfombra», porque los usuarios rara vez lo ven venir. ¡Sorpresa! Tu cuenta está vacía. (Sí, las llamadas vienen realmente de dentro de casa).

A raíz del exitoso programa de Netflix *El juego del calamar*, un grupo anónimo creó $SQUID, un token que prometía a sus poseedores la posibilidad de participar en un genial juego de «jugar para ganar» con temática del *Juego del calamar*.

Excepto que no había juego, o tal vez sí, pero el creador anónimo era el único que lo jugaba, y su objetivo principal era robar dinero a los jugadores. Menos de un mes después de su debut, cobraron. El valor de $SQUID bajó de 2.861 dólares a casi cero.

Los 43.000 titulares de $SQUID se quedaron sin nada, y los creadores anónimos se llevaron 3,36 millones de dólares.

Y eso fue todo. Todo el asunto recibió poca atención, aparte de unos pocos artículos en internet sobre el ascenso y la caída de $SQUID, y ningún intento real de recuperación o procesamiento.

¿Qué se podía hacer? Los creadores del token eran anónimos y habían cubierto bien sus huellas. «Disculpen las molestias ocasionadas», dijeron en un mensaje de despedida.

En el caso de $SQUID, las banderas rojas eran difíciles de pasar por alto: el sitio web y el libro blanco que describían el proyecto estaban llenos de afirmaciones descabelladas y errores gramaticales, y en el canal de Telegram de la moneda, solo los creadores del proyecto podían publicar mensajes. Y estaba bastante claro que ni Netflix ni el creador del programa tenían nada que ver con el proyecto.*

Pero muchas veces las señales de advertencia no son tan claras. Los creadores de proyectos maliciosos suelen tener «indicios» (véase más arriba), pero las legiones de hackers que supervisan constantemente el código y los contratos inteligentes sobre los que se ejecutan estos proyectos, en busca de vulnerabilidades, son indetectables. Si algo no se escribió correctamente al principio, o si una función añadida con posterioridad contiene un punto débil de seguridad inadvertido, esa vulnerabilidad puede explotarse a menudo con fines lucrativos.

La buena noticia es que estas preocupaciones quitan el sueño a muchos programadores. Los creadores de proyectos honestos saben que mantener a salvo los fondos de los usuarios es una misión crítica, por lo que contratan a gente inteligente y pagan auditorías frecuentes del código.

* Como dijo un comentarista: «Si hubieran visto la serie, sabrían que solo podía haber un ganador».

La Web 3 es un ejemplo modélico de un sistema que necesita el caos para prosperar y florecer. Es una cualidad que el autor de *El cisne negro*, Nassim Taleb, llama «antifrágil». Del mismo modo que cada accidente aéreo hace que la industria aeronáutica sea más segura a largo plazo gracias a los conocimientos adquiridos mediante la investigación, cada brecha en la moneda digital se estudia para mejorar la seguridad de futuros proyectos.

Esta es otra razón por la que participar desde el principio en una moneda digital prometedora o en un proyecto basado en un blockchain suele ser una estrategia mejor que ser el primero. Cuando llegas muy pronto, corres más riesgo de que te timen o te pirateen. Una vez que el proyecto ha atraído cierta atención y lleva un tiempo en marcha (pero no demasiado), y a medida que el equipo que lo dirige va acumulando experiencia, es menos probable que sea una estafa.

No olvides que todo está sujeto a impuestos

Perder todo tu dinero a manos de un estafador es el peor de los casos. En el mejor de los casos tienes un problema diferente. Ahora que has ganado mucho dinero lo más probable es que debas mucho en impuestos.

Del mismo modo que tienes que pagar impuestos por las otras dos formas de ingresos (empleo y ganancias de capital), no estás libre de impuestos cuando se trata de *staking*. Esto parece un buen problema (y lo es, en general), pero aun así puede crear problemas.

Una situación habitual: tu token favorito tiene un gran año, y ganas un montón de recompensas por ello. Esto significa, por supuesto, que vas a deber una buena cantidad de impuestos sobre esas recompensas.

Supones que cuando llegue el momento de presentar tu declaración retirarás lo que necesites para pagar la factura. Al fin y al cabo, no quieres retirar los beneficios demasiado pronto: ¡te perderías más rendimientos!

Pero entonces, en un duro revés, tu moneda favorita baja de valor en enero. Ahora sigues debiendo mucho dinero al gobierno, y tienes mucho menos dinero con el que pagar.

La mejor forma de evitar este desafortunado escenario es recabar los beneficios hacia el final de un año fiscal. Como aprendí varias veces durante mi año de experimentos, si no planeas recoger beneficios, podrías acabar peor de varias maneras.

«ERROR: NO SE PUEDE CALCULAR EL APY» (PORCENTAJE DE RENDIMIENTO ANUAL)

Cuando estaba aprendiendo sobre finanzas descentralizadas me encontré con algo llamado «agricultura de rendimiento», una actividad compleja que consiste en apostar/*staking* pares de monedas para ganar grandes cantidades de intereses. ¿Cuánto interés? Algunos proyectos ofrecían ¡un 300 % o más!

Esa cifra es en TAE (tasa anual equivalente), pero si compones tus recompensas, el APY (porcentaje de rendimiento anual) puede ser mucho mayor.

Hacer números sobre el APY es un poco complicado, por lo que ayuda utilizar una herramienta online. Existen muchas herramientas de este tipo, pero pronto me encontré con un problema. La mayoría de las herramientas gratuitas que encontré en internet simplemente no podían calcular el rendimiento de rentabilidades tan altas. Por lo general devolvían un mensaje de error («No se puede calcular el porcentaje de rendimiento anual [APY]» o similar).

Era como si la calculadora dijera: «¡Oye, más despacio!». Se podría interpretar como una metáfora de la DeFi* en general, pero al mismo tiempo ¿cuándo se ha quejado nadie de que los rendimientos sean demasiado altos?

---

* DeFi (*Decentralized Finance*) se refiere a una serie de aplicaciones y plataformas basadas en blockchain que permiten a los usuarios realizar transacciones financieras sin la intervención de intermediarios tradicionales. *(N. de la T.)*.

Por fin encontré una herramienta que funcionaba bien, o al menos que no se autodestruía cuando intentaba hacer proyecciones.* La lección: aunque puedas convertir la TAE en APY, sigue siendo bueno recoger beneficios de forma periódica para evitar grandes pérdidas.

Para los que aún se preguntan si hay razones para invertir en activos digitales, ¡las hay! Al menos hay razones para adoptar un enfoque prudente en el que estos activos no constituyan una parte demasiado importante de tu cartera de ahorros global.

Los trillados consejos de «finanzas personales» necesitan una renovación. Recuerda: los consejos medios funcionan para algunas personas, algunas veces. Pero si quieres resultados por encima de la media, tendrás que ir más allá.

Así que deja de preocuparte por los latte, empieza a vivir y aprende a asumir riesgos en los que las recompensas superen con creces las pérdidas.

---

* https://www.thecalculatorsite.com/finance/calculators/daily-compound-interest.php.

Posdata

Mientras terminaba el libro, los raperos Drake y 21 Savage publicaron un nuevo álbum. Según su material de prensa y sus mensajes en las redes sociales, el álbum venía acompañado de una avalancha de publicidad: aparecieron en la portada de *Vogue*, actuaron en *Saturday Night Live*, fueron entrevistados en el programa *Tiny Desk* de NPR y en el programa de Howard Stern. ¡Incluso ganaron el premio Grammy al álbum del año!

El pequeño detalle era que nada de eso era real. Todo el revuelo fue fabricado. No hubo ninguna aparición en *Saturday Night Live*, la portada de *Vogue* publicada en Instagram estaba photoshopeada, el clip de la supuesta entrevista con Howard Stern era un *deepfake*, y los Grammy de ese año acababan de celebrarse antes de que saliera el disco, etcétera. No era más que un ingenioso truco de marketing.

Sin embargo, la campaña estaba tan bien hecha que tuvo prácticamente el mismo efecto que si todas esas cosas hubieran ocurrido de verdad. Howard Stern reprodujo el clip de la entrevista falsa en su programa real, y el *Tiny Desk* de NPR publicó en sus cuentas sociales para felicitarlos y extenderles una invitación a «hacerlo de verdad».

Pensé en esta historia mientras editaba los últimos capítulos del libro. El álbum de Drake y 21 Savage era como la mayoría de las cosas de la economía actual: no era real hasta que lo fue de verdad.

¿Qué ingenio desatará ahora del capitalismo digital? Solo el tiempo lo dirá. En cuanto a mí, pasé de largo de Britney Spears, pero seguí haciendo apuestas en otros sitios. Durante las elecciones de mitad de mandato gané 400 dólares apostando contra Herschel Walker en la campaña al Senado de Georgia. ¡Gracias, Herschel! Mientras tanto, PredictIt continuó su batalla legal contra la Comisión de Comercio de Futuros de Materias Primas (CFTC). Puede que el sitio exista o no en el momento en que estés leyendo esto, pero seguramente habrá muchas otras formas de ganar dinero apostando sobre el futuro.

El mundo de los juegos de «jugar para ganar» sufrió un duro golpe durante la crisis de las criptomonedas, y muchos proyectos cayeron en picada. Sin embargo, a algunos juegos les fue mejor que a otros, y yo seguí invirtiendo en animales virtuales que realizaban tareas diarias a cambio de más tokens. Ahora, además de estar agradecido en retrospectiva de que los deportes electrónicos llegaran demasiado tarde para mi yo de veinte años, creo que probablemente sea bueno que los juegos de blockchain no fueran perfectos al principio. De lo contrario, quizá nunca hubiera terminado de escribir este libro.

En los meses transcurridos desde entonces el crecimiento de la IA ha seguido acelerándose, y no han dejado de aparecer nuevos avances. Por desgracia, las herramientas de escritura de IA aún no eran lo bastante buenas como para escribir este libro por mí en el momento de mi fecha límite de entrega. (¿O LO ERAN?).

Cada vez oía hablar de más gente que trabajaba en varios empleos a la vez, o que a veces aceptaba trabajos solo por el sueldo, sin hacer mucho trabajo en absoluto. Y a pesar de todo, el Mr. Beast seguía haciendo vídeos. La impresora del dinero seguía enloquecida.

Hablando de impresoras de dinero: Sam Bankman-Fried, el joven fundador de una bolsa de criptomonedas llamada FTX, vio cómo su fortuna de 20.000 millones de dólares era destripada en tan solo un día. El gobierno estadounidense presentó cargos por fraude y lo extraditó de su ático en las Bahamas.

Antes de ser detenido, Bankman-Fried concedió una serie de extrañas entrevistas, incluida una en la que afirmaba despreciar los libros.

«Nunca leería un libro —dijo a un periodista—. No quiero decir que nunca merezca la pena leer ningún libro, pero en realidad creo algo bastante parecido a eso. Creo que si escribiste un libro, la cagaste, y debería haber sido una entrada de blog de seis párrafos».

Personalmente, me gustan mucho los libros, y tengo la suerte de trabajar con otras personas que piensan lo mismo. Mi agente David Fugate y yo llevamos juntos ocho libros y subiendo. David me sugirió que hiciera una portada de AI art para este, pero resultó que solo se me dan bien los dibujos a lápiz de gatos bebiendo batidos. Ranka Stevic, una diseñadora serbia de la vida real, hizo un trabajo mucho mejor. Olya Iver y parte del equipo de Little, Brown Spark también ayudaron.

Mi editora, Talia Krohn, trabajó muy duro en este manuscrito. Aplicando nuestros filtros de edición más escépticos, juntos eliminamos casi todas las referencias a «Wild West». (Siento decir que había muchas en el primer borrador). También utilizamos la palabra «interrupción» una sola vez… okey, quizá dos.

Un agradecimiento especial a Jedd Chang, Nat Eliason, Jonathan Fields, Jolie Guillebeau, Mary Guillebeau, Nick Hajal, Matt Levine y Sara Mohtashamipour. Cada uno de ellos ayudó de forma importante.

Por último, pero no por ello menos importante, me siento en verdad agradecido por poder escribir libros y hablar con tanta gente interesante. Si llevas tiempo leyendo mi trabajo, mi mayor agradecimiento va dirigido a ti. (Si eres nuevo, suscríbete a mi boletín semanal en ChrisGuillebeau.com).

Sé que no todo lo que hay en este libro será apropiado para todo el mundo. Confío en que seas lo bastante inteligente como para decidir por ti mismo lo que te funciona y lo que no. Hagas lo que hagas, recuerda: muchos sistemas que encontrarás a lo largo de la vida están diseñados para gente normal. Si quieres resultados promedio, sigue un plan promedio.

En algún momento de la historia reciente la economía mundial dejó de tener sentido, o al menos eso parecía. Aunque hubo muchos giros en el camino, el mundo del capitalismo digital representa un punto de inflexión en la historia del dinero.

Echar la vista atrás a la economía pandémica puede parecer la secuencia de un sueño en una película. Podrías preguntarte: «¿Todo eso ocurrió realmente? ¿Ya se acabó?».

La respuesta definitiva sería: sí, por extraño que sea, de hecho ocurrió.

¿Y se acabó?

En absoluto. Era solo el principio.

CHRIS GUILLEBEAU
31 de diciembre de 2022

«Para viajar lejos no hay mejor nave que un libro».

Emily Dickinson

Gracias por tu lectura de este libro.

En **penguinlibros.club** encontrarás las mejores recomendaciones de lectura.

Únete a nuestra comunidad y viaja con nosotros.